改訂版

代々木ゼミナール

湯浅の数学エクスプレス I・A・II・B・C（ベクトル）

湯浅 弘一

代々木ライブラリー

「はしがき」にかえて…

ようこそ！

『湯浅の数学エクスプレスⅠ・A・Ⅱ・B・C』

の世界へ。

高校時代数学が赤点だった私が今こうして数学を教えている理由，それは

“数学で苦労するのは自分だけでいい”

ただそれだけでした。教える仕事に就いてからは，

“数学ができないのではなく，教えてもらっていないからできない気分になる”

とも感じました。理由がわかればできるはず。もちろん，理由なく知識として知っておくべきこともありますが，知らなくてできないのはしかたのないことです。入試で最悪な事態とは，見たことがあるのにできないことなのです。

やれば必ずできるのが受験数学。トータルで考えた時，結果的に **解ければいい** のです。だからこの本は**解けるための本**です。それ以上でもそれ以下でもありません。「わかる→できる」または「できる→わかる」のどちらからでもいいです。目標はただ1つ。

解けること！

それではエクスプレスの発車です。お乗り遅れにご注意ください。

(注)本書に「平面上の曲線と複素数平面」(数学C)は掲載されておりません。『湯浅の数学エクスプレスⅢ・C(平面上の曲線と複素数平面)』をご覧ください。

受験数学インストラクター　　湯浅弘一(ゆあさひろかず)

本書の利用法

本書はできそうでできないキミの…

苦手な個所を見つけることができます。

この本は数学が苦手な初級者とそれ以外の中・上級者では使い方が異なります。以下にその効果的な使い方を示しますので参照して下さい。

なお，各問題に明示された 難易度 は，一目盛ごとに「初級」，「やや中級」，「中級」，「ややハイレベル」，「ハイレベル」の5段階になっています。あくまで目安として使って下さい。

● 初級者のキミ

(1) 解説末尾の Point を読んでから，問題に取り組んで下さい。解答目安時間 程度考えても解けなかったら，解説をじっくり読んでまずは理解して下さい。

(2) 解けなかった問題は，時間をおいて**何度も繰り返し**トライして理解を深めて下さい。

(3) 最初は中級以下の問題のみを解くのもいいでしょう。

● 中級者のキミ

(1) まず 解答目安時間 内で解いて下さい。解けなかったりミスしたりした部分がキミの苦手な個所です。

(2) 解けなかったりミスしたりした個所は Point で確認して必ずリトライしてください。

● **上級者のキミ**

⑴ 基本的には中級者と同じです。

⑵ **最初から最後まで一回通して**解いて下さい。

⑶ 入試直前期に解けなかった問題を集中的に再挑戦して下さい。

さあ，早速始めましょう！

「解ける」世界へとキミを超特急でお連れします。

目　次

第1章　数と式

第2章　集合と命題

第3章　2次関数

第4章　三角比と図形

第5章　データの分析，統計

第6章　場合の数・確率

第7章　式と証明

第8章　図形と式

第9章　図形の性質

第10章　三角関数

第11章　指数・対数

第12章　微分・積分

第13章　数列

第14章　ベクトル

第1章 数と式

1-1 式の値

$a=\dfrac{2}{\sqrt{5}-\sqrt{3}}$，$b=\dfrac{2}{\sqrt{5}+\sqrt{3}}$ のとき，$a+b$，ab，

$\dfrac{a}{b}+\dfrac{b}{a}$，$a^3-b^3$ をそれぞれ求めよ。

解答目安時間 3分　難易度

解答

$$a=\frac{2}{\sqrt{5}-\sqrt{3}}=\frac{2(\sqrt{5}+\sqrt{3})}{(\sqrt{5}-\sqrt{3})(\sqrt{5}+\sqrt{3})}=\sqrt{5}+\sqrt{3}$$

$$b=\frac{2}{\sqrt{5}+\sqrt{3}}=\frac{2(\sqrt{5}-\sqrt{3})}{(\sqrt{5}+\sqrt{3})(\sqrt{5}-\sqrt{3})}=\sqrt{5}-\sqrt{3}$$

したがって，

$a+b=\sqrt{5}+\sqrt{3}+\sqrt{5}-\sqrt{3}=\mathbf{2\sqrt{5}}$ 答

$ab=(\sqrt{5}+\sqrt{3})(\sqrt{5}-\sqrt{3})=\mathbf{2}$ 答

$$\frac{a}{b}+\frac{b}{a}=\frac{a^2+b^2}{ab}=\frac{(a+b)^2-2ab}{ab}=\frac{(2\sqrt{5})^2-4}{2}=\mathbf{8}$$ 答

$a^3-b^3=(a-b)^3+3ab(a-b)$

に $a-b=\sqrt{5}+\sqrt{3}-(\sqrt{5}-\sqrt{3})=2\sqrt{3}$ を代入して

$a^3-b^3=(2\sqrt{3})^3+3\cdot2\cdot2\sqrt{3}=24\sqrt{3}+12\sqrt{3}=\mathbf{36\sqrt{3}}$ 答

Point

▶ $\boldsymbol{a^2+b^2=(a+b)^2-2ab}$, $\boldsymbol{a^3+b^3=(a+b)^3-3ab(a+b)}$ などの対称式の利用を考える。

1-2　絶対値と場合分け

(1)　$y=|x-1|+|x-3|$ の最小値を求めよ。

(2)　等式 $|x-|x-2||=1$ を満たす実数 x をすべて求めよ。

解答目安時間 5分　難易度

解　答

(1)　$x \geqq 3$ のとき

$y=x-1+x-3=2x-4$

$1 \leqq x \leqq 3$ のとき

$y=x-1+3-x=2$

$x \leqq 1$ のとき

$y=1-x+3-x=4-2x$

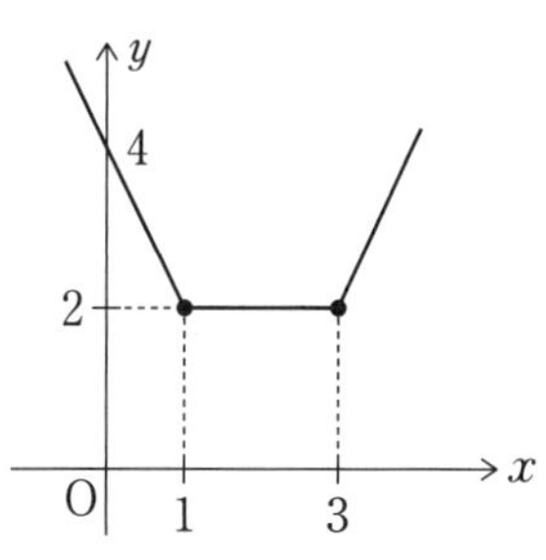

以上より，$y=|x-1|+|x-3|$ のグラフは右図のようになるから最小値は **2**　答

(2)　$x \geqq 2$ のとき

与式は，$|x-(x-2)|=1$ となり，矛盾

よって，$x \leqq 2$ となり，このとき，$|x-(2-x)|=1$

$|2x-2|=1$　$2x-2=\pm 1$ より，$x=\boldsymbol{\frac{3}{2}},\ \boldsymbol{\frac{1}{2}}$　答

Point

▶ $|\boldsymbol{x}-\boldsymbol{a}|$ は $\boldsymbol{x}$ と $\boldsymbol{a}$ の距離

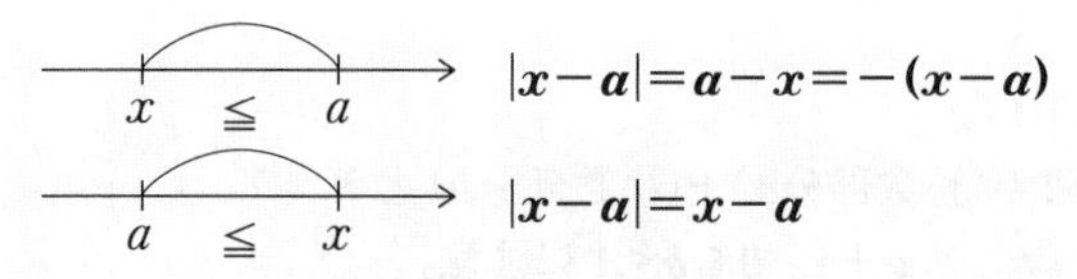

$|\boldsymbol{x}-\boldsymbol{a}|=\boldsymbol{a}-\boldsymbol{x}=-(\boldsymbol{x}-\boldsymbol{a})$

$|\boldsymbol{x}-\boldsymbol{a}|=\boldsymbol{x}-\boldsymbol{a}$

1-3 整数部分と小数部分

$\sqrt{52}$ の整数部分を a，小数部分を b とする。このとき，a および $\dfrac{1}{1-b}$ の値を求めよ。

解答目安時間 3分　難易度

解　答

$49<52<64$ より，$\sqrt{49}<\sqrt{52}<\sqrt{64}$

よって，$7<\sqrt{52}<8$ であるから，$\sqrt{52}$ の整数部分は **7** 答

小数部分は，$\sqrt{52}=7+$(小数部分 b) であるから，

$$b=\sqrt{52}-7=2\sqrt{13}-7$$

よって，

$$\frac{1}{1-b}=\frac{1}{8-2\sqrt{13}}$$

$$=\frac{8+2\sqrt{13}}{(8-2\sqrt{13})(8+2\sqrt{13})}=\frac{8+2\sqrt{13}}{64-4\cdot 13}$$

$$=\frac{8+2\sqrt{13}}{12}=\boldsymbol{\frac{4+\sqrt{13}}{6}}$$ 答

Point

▶ $\boldsymbol{\sqrt{52}}$ ＝(**整数部分** $\boldsymbol{a}$)＋(**小数部分** $\boldsymbol{b}$) と考えて，
$\boldsymbol{a \leqq \sqrt{52} < a+1,\ 0 \leqq b < 1}$ に注意。

1-4　絶対値を含む不等式

2つの不等式 $|x-9|<3$ ……(i)，$|x-2|<k$ ……(ii) を考える。ただし，k は正の定数とする。
(i)，(ii)をともに満たす実数 x が存在するような k の値の範囲を求めよ。(i)を満たす x の範囲が(ii)を満たす x の範囲に含まれるような k の値の範囲を求めよ。

解答目安時間　3分　　難易度

解答

$|x-9|<3$ を解くと，$-3<x-9<3$ より

$6<x<12$　…①

$|x-2|<k$ を解くと，$-k<x-2<k$ より

$2-k<x<2+k$　…②

ここで，$k>0$ より，$2-k<2<6$ であるから，①，②をともに満たす実数 x が存在するような k の値の範囲は

$6<2+k$　ゆえに　$\boldsymbol{k>4}$　答

である。

2−k　6　12

また，①が②に含まれるような k の値の範囲は

$12\leqq 2+k$

ゆえに　$\boldsymbol{k\geqq 10}$　答

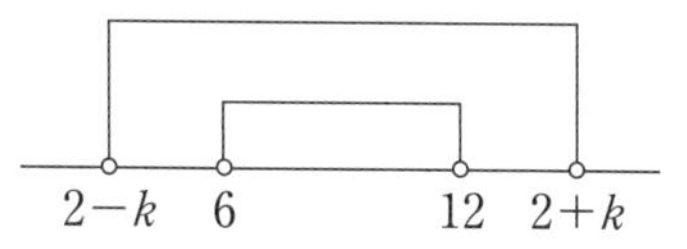

Point

▶ $\boldsymbol{a>0}$ として

$\boldsymbol{|x|\leqq a}$ は $\boldsymbol{-a\leqq x\leqq a}$

$\boldsymbol{|x|\geqq a}$ は $\boldsymbol{x\leqq -a,\ a\leqq x}$

第2章 集合と命題

2-1 条件と集合

次の^{ア}□と^{イ}□に次の①～④のいずれかの番号を入れよ。

① 必要条件であるが，十分条件ではない

② 十分条件であるが，必要条件ではない

③ 必要十分条件である

④ 必要条件でも十分条件でもない

x，yは実数で，$y \neq 0$とする。「x，yはともに有理数」は「$\frac{x}{y}$は有理数」であるための^{ア}□。また，「$x<-1$」は「$x<0$かつ$|x-1|>2$」であるための^{イ}□。

解答目安時間 3分　難易度

解答

P：x，yはともに有理数

Q：$\frac{x}{y}$は有理数

とする。

P ⟶ Qは成り立つ

Q ⟶ Pは成り立たない（反例　$x=\sqrt{2}$，$y=\sqrt{2}$）

したがって，PはQであるための**十分条件であるが，必要条件ではない。（②）** 答

K：$x<-1$

S：$x<0$かつ$|x-1|>2$

とする。

Sは　$x<0$ かつ $(x-1<-2$ または $x-1>2)$

$x<0$ かつ $(x<-1$ または $x>3)$

$x<-1$

であるから,

K $\rightleftarrows$ Sはいずれも成り立つ

したがって，KはSであるための**必要十分条件である**

(③)　答

Point

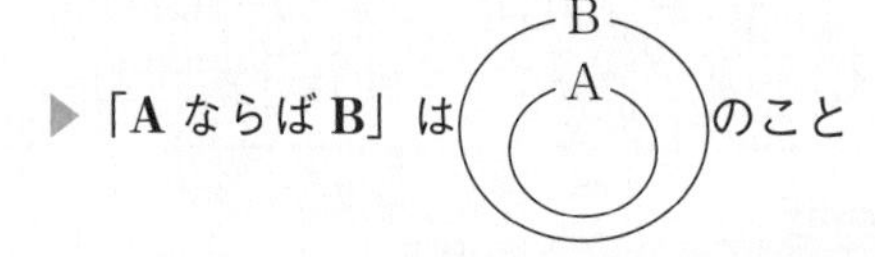

▶ 必要十分条件の簡易的イメージ

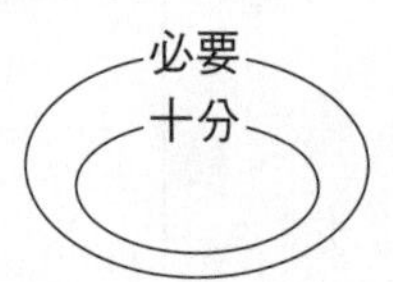

2 -2 命題と条件

自然数nに関する三つの条件p，q，rを次のように定める。

p ：nは4の倍数である。

q ：nは6の倍数である。

r ：nは24の倍数である。

条件p，q，rの否定をそれぞれ$\overline{p}$，$\overline{q}$，$\overline{r}$で表す。条件pを満たす自然数全体の集合をPとし，条件qを満たす自然数全体の集合をQとし，条件rを満たす自然数全体の集合をRとする。自然数全体の集合を全体集合とし，集合P，Q，Rの補集合をそれぞれ$\overline{P}$，$\overline{Q}$，$\overline{R}$で表す。

次の□に当てはまるものを，下の⓪〜⑤のうちから一つずつ選べ。ただし，同じものを繰り返し選んでもよい。

$32 \in$ □ である。また，$50 \in$ □ である。

⓪ $P \cap Q \cap R$　① $P \cap Q \cap \overline{R}$　② $P \cap \overline{Q}$

③ $\overline{P} \cap Q$　④ $\overline{P} \cap \overline{Q} \cap R$　⑤ $\overline{P} \cap \overline{Q} \cap \overline{R}$

解答目安時間 3分　難易度

解答

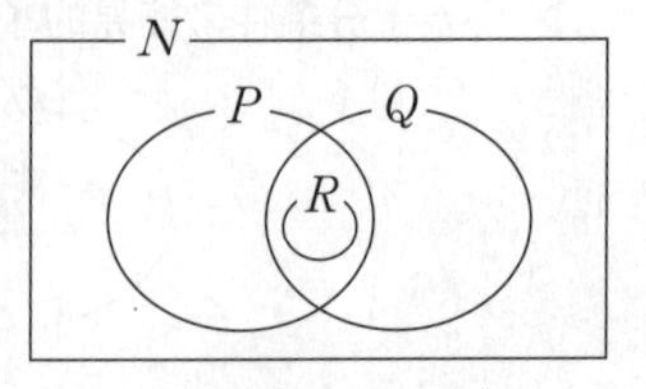

32は4の倍数で6の倍数ではないから

$32 \in \boldsymbol{P} \cap \overline{\boldsymbol{Q}}$（②）

50は4の倍数ではなく，6の倍数でもなく24の倍

数でもない。したがって

$50 \in \overline{\boldsymbol{P}} \cap \overline{\boldsymbol{Q}} \cap \overline{\boldsymbol{R}}$ (⑤) 答

※32 と 50 は下図の部分に含まれます。

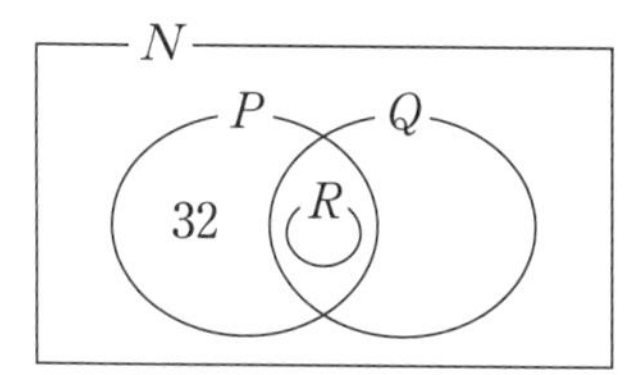

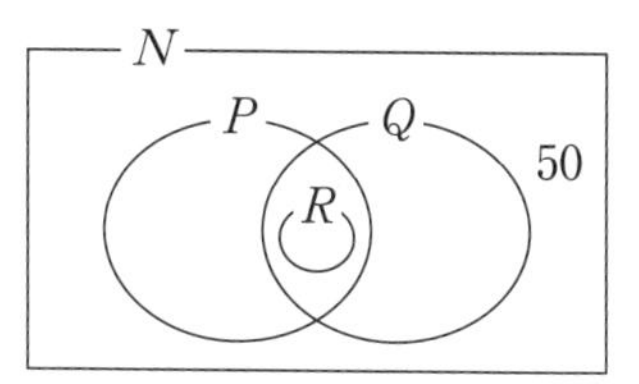

Point

▶ 補集合 $\overline{\boldsymbol{P}}$　共通部分 $\boldsymbol{P} \cap \boldsymbol{Q}$　和集合 $\boldsymbol{P} \cup \boldsymbol{Q}$

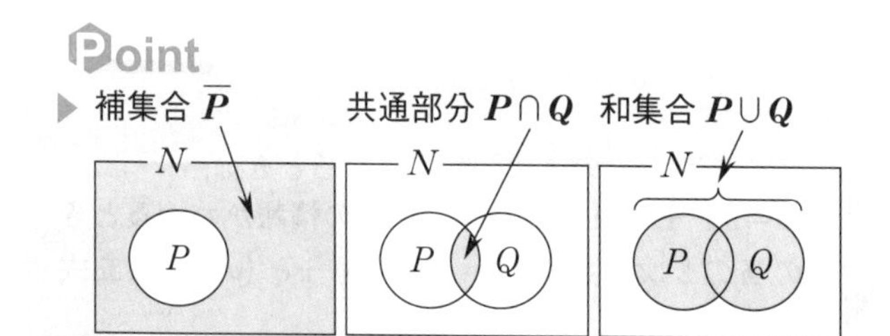

第3章 2次関数

3-1 2次関数の決定①

3点$(1,\ 15)$，$(-1,\ -3)$，$(-3,\ 3)$を通るxの2次関数の頂点の座標を求めよ。

解答目安時間 3分　難易度 ◗◯◯◯◯

解答

求めるxの2次関数を$y=ax^2+bx+c$ $(a\neq0)$とおくと，$(1,\ 15)$，$(-1,\ -3)$，$(-3,\ 3)$を通るので，代入すると，

$$\begin{cases} 15=a+b+c \\ -3=a-b+c \\ 3=9a-3b+c \end{cases}$$

これを解いて，$(a,\ b,\ c)=(3,\ 9,\ 3)$

よって，$y=3x^2+9x+3$

$$=3\left(x+\frac{3}{2}\right)^2-\frac{15}{4}$$

したがって，頂点は，$\left(-\dfrac{3}{2},\ -\dfrac{15}{4}\right)$ 答

Point

▶ **3点を通るxの2次関数を求めるときは，$y=ax^2+bx+c$ $(a\neq0)$，頂点の情報がわかるときのxの2次関数は，$y=a(x-p)^2+q$ $(a\neq0)$と立式する。**

3-2　2次関数の決定②

2つの放物線 $y=x^2-2x-a$，$y=x^2-5x+2a$ が，x 軸上の点 $(t,\ 0)$ で交わるとき，a の値を求めよ。ただし，$t>0$ とする。

解答目安時間 3分　　難易度

解　答

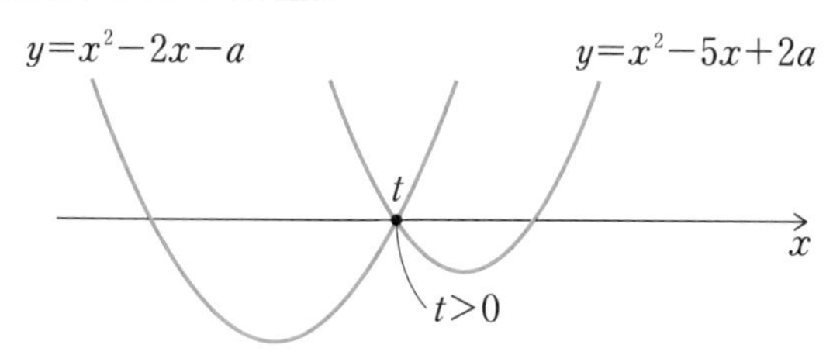

2つの放物線 $y=x^2-2x-a$，$y=x^2-5x+2a$ がともに x 軸上の $(t,\ 0)$ $(t>0)$ を通るとき，

$$\begin{cases} 0=t^2-2t-a & \cdots① \\ 0=t^2-5t+2a & \cdots② \end{cases}$$

①−②　　：$3t-3a=0$　…③

①×2+②：$3t^2-9t=0$　…④

④より，$3t(t-3)=0$

$t>0$ より，$t=3$　…⑤

③，⑤より，$a=\mathbf{3}$　答

Point

▶ 連立方程式を解くときは，文字を消去する。

3-3　グラフの平行移動

2次関数$y=x^2+2x+3$のグラフをx軸方向にp，y軸方向にqだけ平行移動し，点$(1,\ 1)$を通るようにする。$q=-1$としてpを求めよ。

解答目安時間　3分　　難易度

解　答

$$y=x^2+2x+3=(x+1)^2+2$$

この頂点$(-1,\ 2)$をx軸方向にp，y軸方向にq移動した点$(-1+p,\ 2+q)$を頂点にもつ2次関数

$$y=\{x-(-1+p)\}^2+2+q$$

が$(1,\ 1)$を通り，$q=-1$であるから，代入して，

$$1=\{1-(-1+p)\}^2+2+(-1)$$

これを整理して，$(2-p)^2=0$

よって，$p=\mathbf{2}$　答

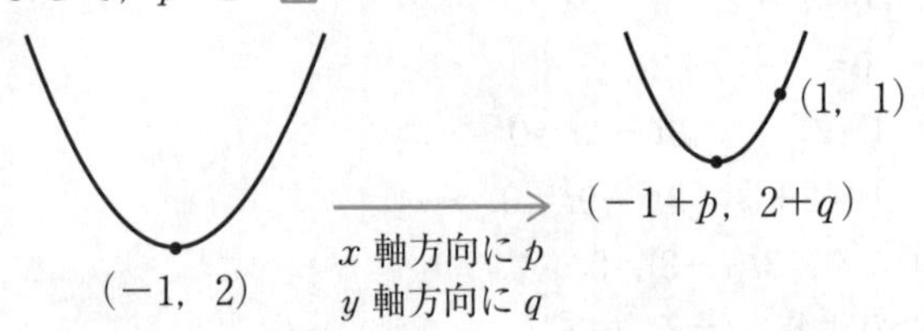

Point

▶ **2次関数の平行移動は，頂点の移動を考える。**

3-4 グラフの対称移動

2次曲線 $C_1: y=ax^2+4x+b$ $(a \neq 0)$ と原点に関して C_1 と対称な曲線 C_2 とが，1点Pで接するとする。Pと C_1 の頂点との距離が $\sqrt{5}$ であるとき，a の値を求めよ。

解答目安時間 5分　難易度

解答

$C_1: y=ax^2+4x+b$ の原点に関して対称な曲線は，x を $-x$，y を $-y$ におきかえて，

$$C_2: -y=a(-x)^2+4(-x)+b$$
$$y=-ax^2+4x-b$$

これと $y=ax^2+4x+b$ が接するので，連立して，

$$ax^2+4x+b=-ax^2+4x-b$$

つまり，$ax^2+b=0$

これが重解をもつことから，$b=0$ であり，このとき，重解 $x=0$ であるから，接点Pは $(0,\ 0)$。

C_1 は，$y=ax^2+4x=a\left(x+\dfrac{2}{a}\right)^2-\dfrac{4}{a}$ と変形できるので，この頂点 $\left(-\dfrac{2}{a},\ -\dfrac{4}{a}\right)$ と接点 $(0,\ 0)$ の距離が $\sqrt{5}$ であることから，

$$\sqrt{\left(-\frac{2}{a}\right)^2+\left(-\frac{4}{a}\right)^2}=\sqrt{5}$$

$\dfrac{20}{a^2}=5$ より，$a^2=4$

よって，$a=\pm\mathbf{2}$ 答

$C_1 : y=2x^2+4x$

$C_2 : y=-2x^2+4x$

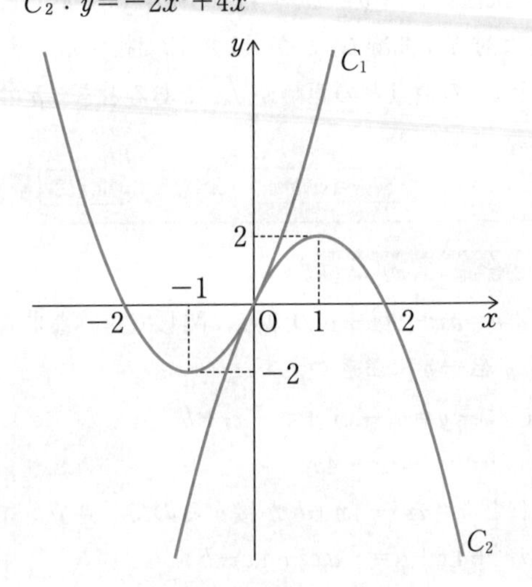

Point

▶ $\boldsymbol{y=f(x)}$の

$\boldsymbol{x}$ を $(-\boldsymbol{x})$ でおきかえると，$\boldsymbol{y}$ 軸に対称移動。

$\boldsymbol{y}$ を $(-\boldsymbol{y})$ でおきかえると，$\boldsymbol{x}$ 軸に対称移動。

$\begin{cases} \boldsymbol{x} \text{ を } (-\boldsymbol{x}) \\ \boldsymbol{y} \text{ を } (-\boldsymbol{y}) \end{cases}$ でおきかえると，原点に対称移動。

3-5 2次関数の最大・最小①

3つの実数 x, y, z について，

$\dfrac{x+1}{3}=\dfrac{y+2}{5}=\dfrac{z+3}{7}$ $(x\geqq 0,\ y\geqq 0,\ z\geqq 0)$ が成立しているとき，$x^2+y^2+z^2$ の最小値を求めよ。

解答目安時間 5分　難易度

解答

$\dfrac{x+1}{3}=\dfrac{y+2}{5}=\dfrac{z+3}{7}=k$ とおくと，

$$\begin{cases} x=3k-1\geqq 0 \\ y=5k-2\geqq 0 \\ z=7k-3\geqq 0 \end{cases}$$

これらを満たす k の条件は，$k\geqq\dfrac{3}{7}$ …①

このとき，$x^2+y^2+z^2=(3k-1)^2+(5k-2)^2+(7k-3)^2$ は，k の増加関数になる。

よって $k=\dfrac{3}{7}$，つまり $x=\dfrac{2}{7}$，$y=\dfrac{1}{7}$，$z=0$ のとき，

最小値は，$x^2+y^2+z^2=\left(\dfrac{2}{7}\right)^2+\left(\dfrac{1}{7}\right)^2=\mathbf{\dfrac{5}{49}}$ 答

Point

- 比例式 $\dfrac{\boldsymbol{x}+1}{3}=\dfrac{\boldsymbol{y}+2}{5}=\dfrac{\boldsymbol{z}+3}{7}$ は $\boldsymbol{k}$ とおく。
- 範囲のついている2次関数は，まず式の性質を読む（むやみに展開しない）。

3-6 2次関数の最大・最小②

放物線 $y=6x-x^2$ と x 軸とで囲まれる部分に内接する長方形(1辺は x 軸上にある)のうちで，周の長さが最大になる長方形の長辺の長さを求めよ。

解答目安時間 6分　難易度

解答

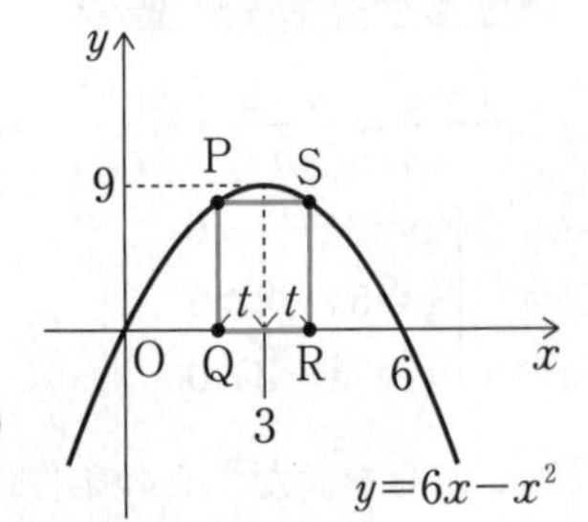

$y=6x-x^2=-(x-3)^2+9$

より，頂点は $(3,\ 9)$

右図のように，P，Q，R，Sを定め，$PS=QR=2t$ とおくと，

$0<t<3$

このとき，Pの座標 $(x,\ y)$ は $(3-t,\ -t^2+9)$

よって，長方形の周の長さは，

$$2(PQ+PS)$$
$$=2(-t^2+9+2t)$$
$$=-2(t-1)^2+20$$

で表され，$t=1$ で，周の長さは最大となる。

このとき，$PQ=8$，$QR=2$ なので，長辺の長さは **8** 答

Point

▶ ***y*** 軸に平行な軸をもつ放物線は，線対称に着目する。

3-7 2次関数の最大・最小③

一辺の長さが1の正三角形ABCについて考える。AB上に点P，BC上に点Q，CA上に点Rがそれぞれ存在し，AP＝BQ＝CRが成立しているとする。正三角形ABCの面積をS_1，三角形PQRの面積をS_2としたとき，$\dfrac{S_2}{S_1}$の最小値を求めよ。

解答目安時間 5分　難易度

解答

AP＝BQ＝CR＝xとおくと$(0<x<1)$，△PQRは正三角形であり，この1辺は△PBQに余弦定理を用いて，

$$PQ^2=(1-x)^2+x^2-2(1-x)\cdot x\cdot\cos 60^\circ$$
$$=3x^2-3x+1$$

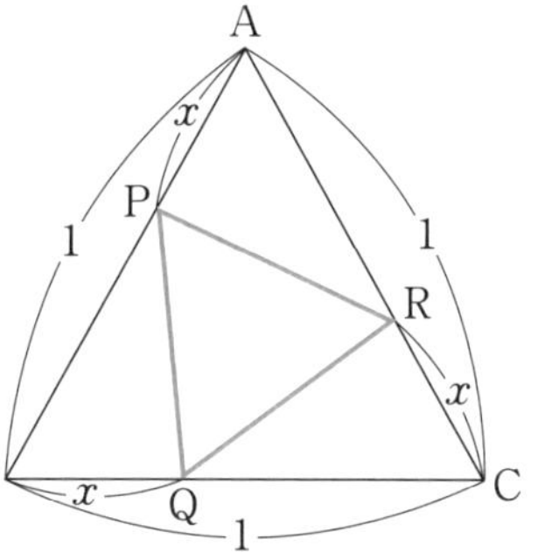

△ABC∽△PQRなので，

面積比は，

$$S_1 : S_2=1^2 : 3x^2-3x+1$$

となる。

$$\frac{S_2}{S_1}=3x^2-3x+1$$
$$=3\left(x-\frac{1}{2}\right)^2+\frac{1}{4}$$

よって，$x=\dfrac{1}{2}$のとき，

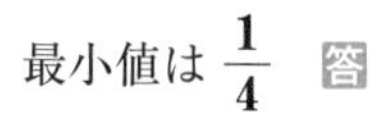

最小値は $\mathbf{\dfrac{1}{4}}$ 答

Point

▶ 相似な図形の面積比は，相似比の**2**乗である。

3-8 最大・最小問題の応用①

区間 $0 \leqq x \leqq 1$ で，2 次関数 x^2-ax+4 の最小値が 0 になる。定数 a の値を求めよ。

解答目安時間 6 分　難易度

解　答

$y=x^2-ax+4=\left(x-\dfrac{a}{2}\right)^2-\dfrac{a^2}{4}+4=f(x)$ とおく。

$0 \leqq x \leqq 1$ に注意すると，最小値は以下の 3 通り。

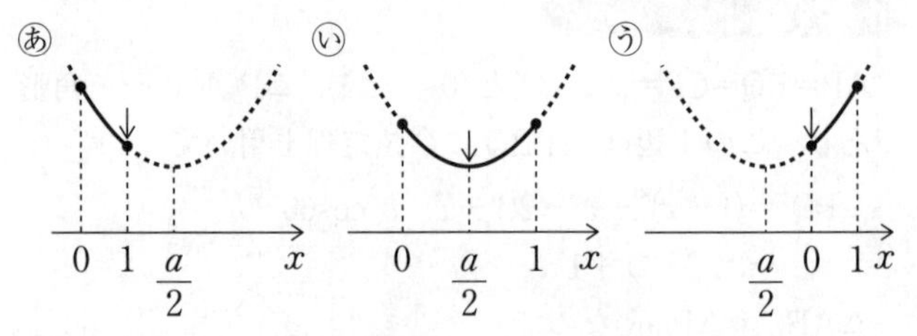

㋐ $1 \leqq \dfrac{a}{2}$，つまり $2 \leqq a$ のとき，最小値は

$f(1)=5-a=0$ より，$a=5$

㋑ $0 \leqq \dfrac{a}{2} \leqq 1$，つまり $0 \leqq a \leqq 2$ のとき，最小値は

$f\left(\dfrac{a}{2}\right)=-\dfrac{a^2}{4}+4=0$ より，$a=\pm 4$ は，$0 \leqq a \leqq 2$ に不適。

㋒ $\dfrac{a}{2} \leqq 0$，つまり $a \leqq 0$ のとき，最小値は $f(0)=4 \neq 0$

よって，$a=\mathbf{5}$ 答

Point

▶ **2** 次関数の区間付きの最大・最小は，グラフを止めて，区間を動かす。

3 -9　最大・最小問題の応用②

x の 2 次関数 $y=x^2+4ax+5a^2+3a$ の最小値を a の関数として $m(a)$ とする。$5 \leqq a^2+4a \leqq 12$ のとき，$m(a)$ の最大値と最小値を求めよ。

解答目安時間　7 分　　難易度

解　答

$y=x^2+4ax+5a^2+3a=(x+2a)^2+a^2+3a$

よって，$m(a)=a^2+3a=a(a+3)$　…①

ところで，$5 \leqq a^2+4a \leqq 12$ を解くと，

$$\begin{cases} a^2+4a-5 \geqq 0 \\ a^2+4a-12 \leqq 0 \end{cases}$$ かつ

つまり，$$\begin{cases} (a+5)(a-1) \geqq 0 \\ (a+6)(a-2) \leqq 0 \end{cases}$$ かつ

これを解くと，$-6 \leqq a \leqq -5$，または $1 \leqq a \leqq 2$

①のグラフの概形を考えて，

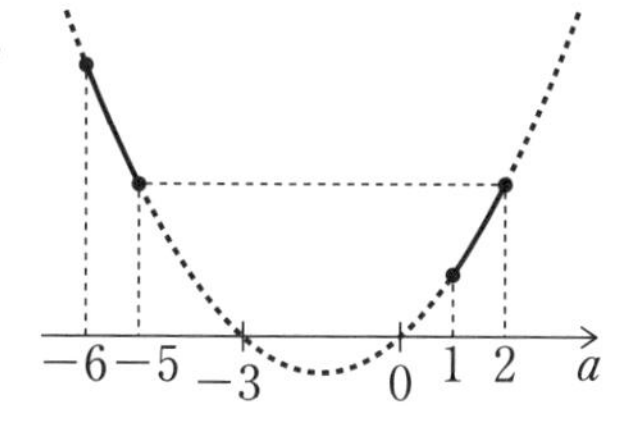

$m(1) \leqq m(a) \leqq m(-6)$

最大値　$m(-6)=\mathbf{18}$　答

最小値　$m(1)=\mathbf{4}$　答

Point

▶ **$\alpha<\beta$ のとき，**

$(x-\alpha)(x-\beta)>0$ を解くと，$x<\alpha$ または $\beta<x$

$(x-\alpha)(x-\beta)<0$ を解くと，$\alpha<x<\beta$

3-10 2次方程式①

$x^2+5x+10=0$ の解を α, β とする。$\dfrac{\beta+5}{\alpha}$, $\dfrac{\alpha+5}{\beta}$ を解とする2次方程式が, $x^2+bx+c=0$ となるとき, b と c の値を求めよ。

解答目安時間 7分　難易度

解答

$x^2+5x+10=0$ の解 α, β に対して, 解と係数の関係から,

$$\begin{cases}\alpha+\beta=-5\\ \alpha\beta=10\end{cases}$$

また, $x^2+bx+c=0$ の解 $\dfrac{\beta+5}{\alpha}$, $\dfrac{\alpha+5}{\beta}$ に対して, 解と係数の関係から,

$$b=-\left(\frac{\beta+5}{\alpha}+\frac{\alpha+5}{\beta}\right)$$

$$=-\frac{(\beta^2+5\beta)+(\alpha^2+5\alpha)}{\alpha\beta}\quad\cdots①$$

ここで, $x=\alpha$, β は $x^2+5x+10=0$ を満たすので, $\alpha^2+5\alpha+10=0$, $\beta^2+5\beta+10=0$ であるから,

①は, $b=-\dfrac{-10+(-10)}{10}=\mathbf{2}$ 答

$$c=\frac{\beta+5}{\alpha}\times\frac{\alpha+5}{\beta}=\frac{\alpha\beta+5(\alpha+\beta)+25}{\alpha\beta}$$

$$=\frac{10+5\times(-5)+25}{10}=\mathbf{1}\quad 答$$

別解

$x^2+5x+10=0$ の解が α, β であるから,

$$\alpha^2+5\alpha+10=0,\ \text{つまり}\ \alpha+5=\frac{-10}{\alpha}$$

$$\beta^2+5\beta+10=0,\ \text{つまり}\ \beta+5=\frac{-10}{\beta}$$

また, 解と係数の関係から, $\alpha\beta=10$

よって, $\dfrac{\beta+5}{\alpha}=\dfrac{-10}{\alpha\beta}=\dfrac{-10}{10}=-1$

$$\frac{\alpha+5}{\beta}=\frac{-10}{\alpha\beta}=\frac{-10}{10}=-1$$

よって, $x^2+bx+c=0$ は $x=-1$ を重解にもつので,

$x^2+bx+c=(x+1)^2$ より, $b=\mathbf{2}$, $c=\mathbf{1}$

Point

▶ **x の 2 次方程式 $ax^2+bx+c=0$ ($a\neq0$) の解が $x=\alpha$, β のとき,**

(i) 解と係数の関係から, $\boldsymbol{\begin{cases}\alpha+\beta=-\dfrac{b}{a}\\ \alpha\beta=\dfrac{c}{a}\end{cases}}$

(ii) 解を代入する $\boldsymbol{\begin{cases}a\alpha^2+b\alpha+c=0\\ a\beta^2+b\beta+c=0\end{cases}}$

3-11　2次方程式②

2次方程式 $x^2-3ax+2a-3=0$ が2つの整数解を持つとき，a の値を求めよ。

解答目安時間　5分　　難易度

解　答

$x^2-3ax+2a-3=0$ の整数解を α，β とおくと，解と係数の関係から，

$$\begin{cases} \alpha+\beta=3a & \cdots① \\ \alpha\beta=2a-3 & \cdots② \end{cases}$$

①，②から a を消去して，$3\alpha\beta+9=2\alpha+2\beta$

両辺を3倍して，$9\alpha\beta-6\alpha-6\beta+27=0$

これは，$(3\alpha-2)(3\beta-2)=-23$

（積の形を作る）

と変形できるから，

$3\alpha-2$	-23	-1	1	23
$3\beta-2$	1	23	-23	-1
α	-7	なし	1	なし
β	1	なし	-7	なし

①より，$a=\dfrac{1}{3}(\alpha+\beta)=\dfrac{1}{3}(-7+1)=\mathbf{-2}$　答

Point

- 整数解を求めるときは，積の形に式変形をする。
- 特に，$a\alpha\beta+b\alpha+c\beta+d=0$（$a$，$b$，$c$，$d$ は整数）を満たす整数 α，β は，両辺を a 倍して，

  $$a^2\alpha\beta+ab\alpha+ac\beta+ad=0$$

  これは，$(a\alpha+c)(a\beta+b)=-(ad-bc)$ と変形でき，左辺は整数の積にできる。

3-12 2次不等式①

任意の実数 x, y に対して，不等式
$a(x^2+y^2)-(a+3)xy \geqq 0$ が成り立つ。定数 a の最小値を求めよ。

解答目安時間 6分　難易度

解答

左辺 $=a(x^2+y^2)-(a+3)xy$

$=ax^2-(a+3)yx+ay^2$ ←── x の降べきの順に整理

これを x について平方完成する。

$$a\left(x-\frac{(a+3)y}{2a}\right)^2-\frac{(a+3)^2y^2}{4a}+ay^2$$

$$=a\left(x-\frac{(a+3)y}{2a}\right)^2+\frac{3(a+1)(a-3)}{4a}y^2 \geqq 0$$

これを x についての2次関数とみれば，

$a>0$，かつ最小値 $\dfrac{3(a+1)(a-3)}{4a}y^2 \geqq 0$

$y^2 \geqq 0$ であるから，$(a+1)(a-3) \geqq 0$

よって，$3 \leqq a$

したがって，a の最小値は **3** 答

Point

▶ **2** 次式は因数分解，または平方完成することが多い。

▶ $\boldsymbol{f(x) \geqq 0}$ とは，$\boldsymbol{y=f(x)}$ の最小値が **0** 以上と読む。

3-13　2次不等式②

$\dfrac{x-a}{x^2+x+1}>\dfrac{x-b}{x^2-x+1}$ を満たす x（実数とする）の範囲が $\dfrac{1}{2}<x<1$ であるとき，a，b の値を求めよ。

解答目安時間　10分　　難易度

解答

$$x^2+x+1=\left(x+\frac{1}{2}\right)^2+\frac{3}{4}>0$$

$$x^2-x+1=\left(x-\frac{1}{2}\right)^2+\frac{3}{4}>0$$

であるから，与式の両辺に $(x^2+x+1)(x^2-x+1)$ をかけて

$$(x-a)(x^2-x+1)>(x-b)(x^2+x+1)$$

$$x^3-x^2+x-ax^2+ax-a>x^3+x^2+x-bx^2-bx-b$$

$$(2+a-b)x^2-(a+b)x+a-b<0 \quad \cdots ①$$

この2次不等式の解が $\dfrac{1}{2}<x<1$ となるから，不等式①は，$2+a-b>0$ で

$$(2+a-b)\left(x-\frac{1}{2}\right)(x-1)<0 \quad \cdots ②$$

と表すことができる。

これは方程式

$$(2+a-b)x^2-(a+b)x+a-b=0 \quad \cdots ③$$

の解が $\dfrac{1}{2}$，1 であることを示している。

③に $x=\dfrac{1}{2}$，1 を代入して

$$\begin{cases} \frac{1}{4}(2+a-b)-\frac{1}{2}(a+b)+a-b=0 \\ 2+a-b-(a+b)+a-b=0 \end{cases}$$

整理して

$$\begin{cases} \frac{3}{4}a-\frac{7}{4}b+\frac{1}{2}=0 \\ a-3b+2=0 \end{cases}$$

これを解いて，$a=4$，$b=2$

これは $2+a-b>0$ を満たすので，求める解は

$\boldsymbol{a=4}$，$\boldsymbol{b=2}$　答

Point

- 分数不等式の分母を払うときは，分母の符号に注意する。
- **2** 次不等式の解の範囲から **2** 次不等式を決めるときは，**2** 次方程式を利用する。

第 4 章 三角比と図形

4 -1 三角比の計算①

$\sin\theta-\cos\theta=\dfrac{\sqrt{2}}{2}$ のとき，$(\sin^3\theta+\cos^3\theta)^2$ の値を求めよ。

解答目安時間 5分　難易度

解　答

$\sin\theta=s$，$\cos\theta=c$ とおくと，　←文字のシンプル化

与式は，$s-c=\dfrac{\sqrt{2}}{2}$

この両辺を 2 乗すると，$s^2-2sc+c^2=\dfrac{1}{2}$

$s^2+c^2=1$ であるから，$sc=\dfrac{1}{4}$　…①

$$(\sin^3\theta+\cos^3\theta)^2=(s^3+c^3)^2=\{(s+c)(s^2-sc+c^2)\}^2$$
$$=(s+c)^2(s^2-sc+c^2)^2$$
$$=(1+2sc)(1-sc)^2$$

①より，

$$上式=\left(1+2\cdot\frac{1}{4}\right)\left(1-\frac{1}{4}\right)^2$$
$$=\left(\frac{3}{2}\right)\left(\frac{3}{4}\right)^2=\mathbf{\frac{27}{32}}$$ 答

Point

- ▶ $\boldsymbol{\sin\theta=s}$，$\boldsymbol{\cos\theta=c}$ のように文字をおきかえると見やすい。
- ▶ 和 $\boldsymbol{\sin\theta+\cos\theta}$ =（定数）の両辺を **2** 乗すると，積 $\boldsymbol{\sin\theta\cdot\cos\theta}$ の値を得られる。

4-2 三角比の計算②

$\tan\theta=5$ のとき，

$$\frac{25}{2}\left(\frac{1}{1+\sin\theta}+\frac{1}{1+\cos\theta}+\frac{1}{1-\sin\theta}+\frac{1}{1-\cos\theta}\right)$$ の

値を求めよ。

解答目安時間 5分　難易度

解答

$\sin\theta=s$，$\cos\theta=c$ とおくと，

$$\text{与式}=\frac{25}{2}\left(\frac{1}{1+s}+\frac{1}{1+c}+\frac{1}{1-s}+\frac{1}{1-c}\right)$$

$$=\frac{25}{2}\left(\frac{2}{(1+s)(1-s)}+\frac{2}{(1+c)(1-c)}\right)$$

$$=25\left(\frac{1}{1-s^2}+\frac{1}{1-c^2}\right)$$

$$=25\left(\frac{1}{c^2}+\frac{1}{s^2}\right)\quad(s^2+c^2=1\text{ より})$$

$$=25\left\{(1+\tan^2\theta)+\left(1+\frac{1}{\tan^2\theta}\right)\right\}$$

$$=25\left\{(1+5^2)+\left(1+\frac{1}{5^2}\right)\right\}$$

$$=5^2\cdot\left(5+\frac{1}{5}\right)^2=\left\{5\left(5+\frac{1}{5}\right)\right\}^2=26^2=\mathbf{676}$$ 答

Point

▶ 三角比の相互関係

$$\boldsymbol{\frac{1}{\cos^2\theta}=1+\tan^2\theta,\quad \frac{1}{\sin^2\theta}=1+\frac{1}{\tan^2\theta}}$$

4 -3 三角比の計算の最大値・最小値①

$\sin^6\theta+\cos^6\theta$ の最小値を求めよ。

解答目安時間 3分　難易度

解答

$\sin\theta=s$, $\cos\theta=c$ とおくと,

$$\begin{aligned}与式 &= s^6+c^6 \\ &= (s^2)^3+c^6 \\ &= (1-c^2)^3+c^6 \quad (s^2+c^2=1 より) \\ &= 3c^4-3c^2+1 \\ &= 3\left(c^2-\frac{1}{2}\right)^2+\frac{1}{4}\end{aligned}$$

$0\leqq c^2=\cos^2\theta\leqq 1$ であるから,

$c^2=\dfrac{1}{2}$ のとき, 最小値 $\boldsymbol{\dfrac{1}{4}}$ 答

Point

▶ **$\boldsymbol{\sin\theta}$, $\boldsymbol{\cos\theta}$ が混在する式は, $\boldsymbol{\sin\theta}$ のみまたは $\boldsymbol{\cos\theta}$ のみにすると計算しやすい。**

4 -4 三角比の計算の最大値・最小値②

関数 $f(\theta)=3\sin\theta+2\cos^2\theta-\dfrac{87}{48}$ の最大値，最小値を求めよ。ただし，θ は，$0°\leqq\theta\leqq180°$ の範囲を動く。

解答目安時間 3分　難易度

解答

$\sin\theta=s$，$\cos\theta=c$ とおくと，

$$f(\theta)=3s+2c^2-\frac{87}{48}$$
$$=3s+2(1-s^2)-\frac{87}{48}\quad (s^2+c^2=1\text{ より})$$
$$=-2s^2+3s+\frac{3}{16}$$
$$=-2\left(s-\frac{3}{4}\right)^2+\frac{21}{16}$$

$0°\leqq\theta\leqq180°$ より，$0\leqq s=\sin\theta\leqq1$ であるから，

$s=\dfrac{3}{4}$ のとき，最大値 $\boldsymbol{\dfrac{21}{16}}$ 答

$s=0$ のとき，最小値 $\boldsymbol{\dfrac{3}{16}}$ 答

Point

▶ 三角関数の最大・最小問題では，**sinθ** や **cosθ** の範囲に注意する。

4 -5　三角比と四角形

四角形ABCDについて考える。2つの対角線の長さは$AC=\frac{4}{\sqrt{3}}$，$BD=3$であり，これら2つの対角線のなす鋭角が60°であるとする。四角形ABCDの面積を求めよ。

解答目安時間　2分　　難易度

解　答

2つの対角線の長さが

$AC=\frac{4}{\sqrt{3}}$，$BD=3$の

四角形ABCDの面積は，

$$\frac{1}{2}AC\cdot BD\sin60^\circ$$

$$=\frac{1}{2}\cdot\frac{4}{\sqrt{3}}\cdot3\cdot\frac{\sqrt{3}}{2}$$

$$=\mathbf{3}$$ 答

Point

▶ 対角線の長さとそのなす角θがわかる四角形の面積Sは

$$S=\frac{1}{2}AC\cdot BD\sin\theta$$

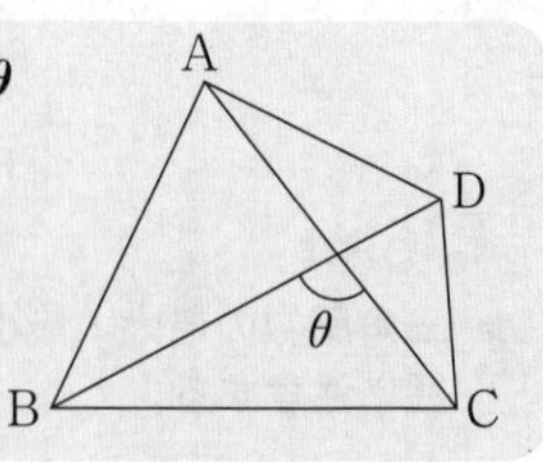

● 四角形の面積公式の証明 ●

四角形 ABCD の対角線の交点を O, $\mathrm{OA}=x$, $\mathrm{OC}=y$, $\mathrm{OD}=z$, $\mathrm{OB}=w$ とおくと

$$\mathrm{ABCD}=\triangle\mathrm{OAB}+\triangle\mathrm{OBC}+\triangle\mathrm{OCD}+\triangle\mathrm{ODA}$$

$$=\frac{1}{2}(xw+wy+yz+zx)\sin\theta$$

$(\sin(\pi-\theta)=\sin\theta$ より$)$

$$=\frac{1}{2}(x+y)(w+z)\sin\theta$$

$$=\frac{1}{2}\mathrm{AC}\cdot\mathrm{BD}\sin\theta$$

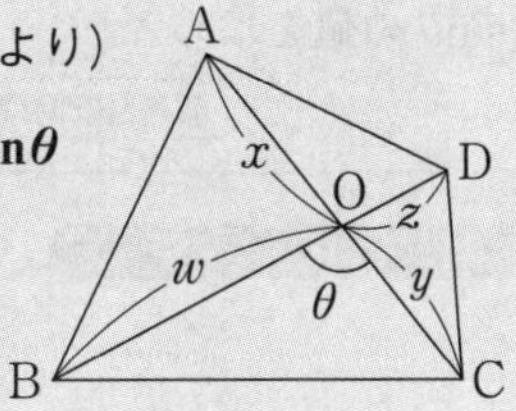

4-6 正弦定理

傾斜角 30° の道幅の十分広い上り坂がある。この坂を最短距離で上るのは苦しいので，一定の傾斜角 θ ($0<\theta<30°$) でジグザグにコースをとって上った。その結果，歩いた距離は最短距離の 2 倍を要した。$\sin\theta$ の値を求めよ。

解答目安時間　4 分　　難易度

解　答

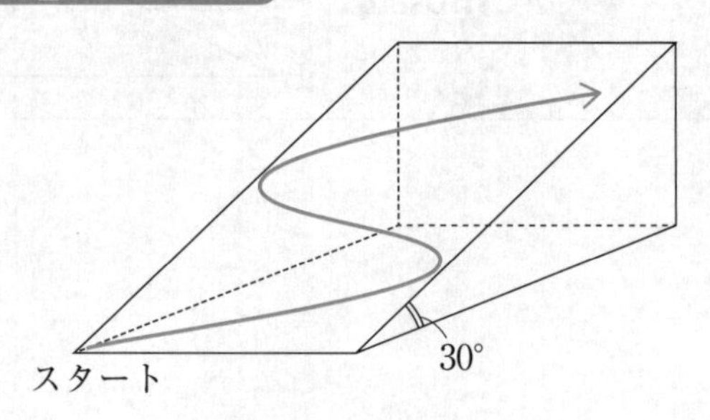

ジグザグコースをまっすぐにして表すと

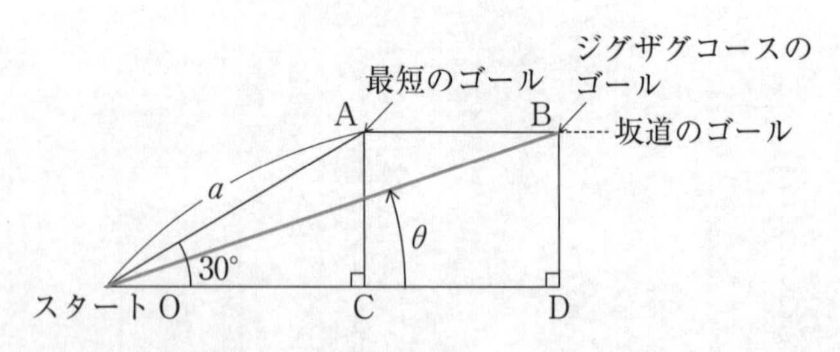

上のようにスタートをO，最短のゴールとジグザグコースのゴール地点をそれぞれ A，B とし，$OA=a$ とすると，

$OB=2a$

AC＝BD であるから，$a\sin30°=2a\sin\theta$

これを解いて，$\sin\theta=\frac{1}{4}$ 答

Point

▶ たとえば下の図を考えるとき

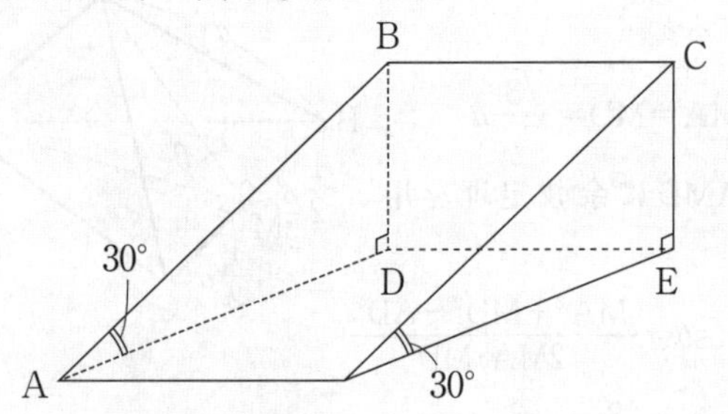

A → B は 30° の傾斜角になります。
BD＝CE に注意すると

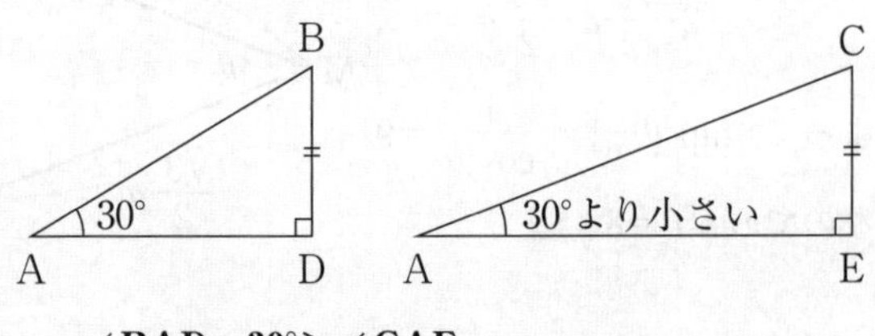

$\angle BAD=30°>\angle CAE$

4 -7　余弦定理

正四面体ABCDにおいて辺BCの中点をMとする。

∠AMD$=\theta$として$\tan^2\theta$を求めよ。

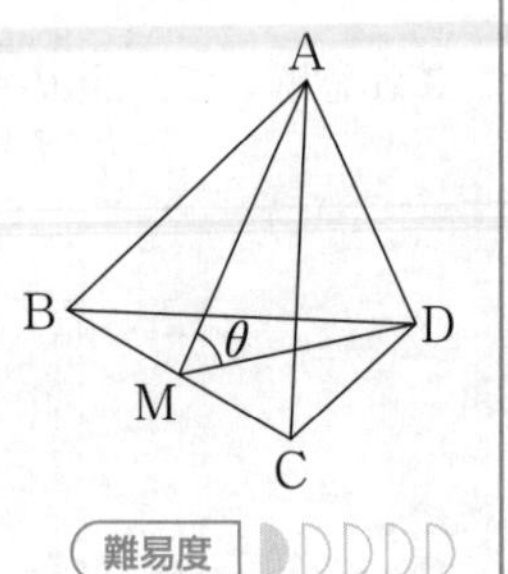

解答目安時間　4分　　難易度

解　答

正四面体ABCDの1辺をaとすると，

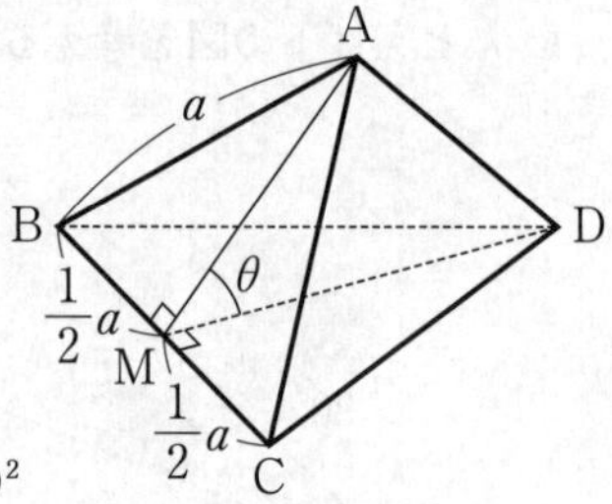

$$\mathrm{MA}=\mathrm{MD}=\frac{\sqrt{3}}{2}a$$

△AMDに余弦定理を用いて，

$$\cos\theta=\frac{\mathrm{MA}^2+\mathrm{MD}^2-\mathrm{AD}^2}{2\mathrm{MA}\cdot\mathrm{MD}}$$

$$=\frac{\frac{3}{4}a^2+\frac{3}{4}a^2-a^2}{2\cdot\frac{\sqrt{3}}{2}a\cdot\frac{\sqrt{3}}{2}a}=\frac{1}{3}$$

よって，$\tan^2\theta+1=\dfrac{1}{\cos^2\theta}=9$

なので$\tan^2\theta=\mathbf{8}$ 答

別解

Aから底面BCDに垂線を下ろしその足をHとするとHは△BCDの重心である。

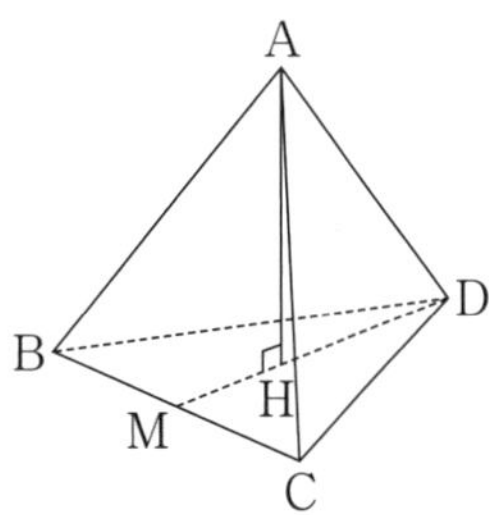

よって，DH：HM＝2：1

$DM=\frac{\sqrt{3}}{2}a$ より，

$$AM\cos\theta=\frac{\sqrt{3}}{2}a\cdot\frac{1}{3}$$

$AM=\frac{\sqrt{3}}{2}a$ より，$\cos\theta=\frac{1}{3}$

よって，$\tan^2\theta=\frac{1}{\cos^2\theta}-1=\mathbf{8}$

Point

▶ 余弦定理

$$\boldsymbol{a^2=b^2+c^2-2bc\cdot\cos A}$$
$$\Updownarrow$$
$$\boldsymbol{\cos A=\frac{b^2+c^2-a^2}{2bc}}$$

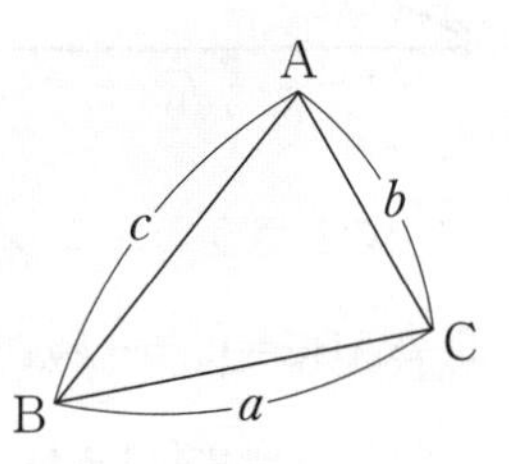

三角形において
- **3**辺の長さがわかるとき
- **2**辺の長さと**1**つの角の大きさが分かるとき
- $\boldsymbol{\cos A}$ を辺の長さのみで表すとき

などに使う。

4 -8 三角比と外接円

△ABCにおいて，$B=30°$，$C=45°$，外接円の半径が10となるとする。△ABCの面積を求めよ。

解答目安時間　7分　難易度 

解　答

$B=30°$ より，$\angle AOC=60°$
つまり，△AOCは正三角形だから，$AC=R=10$

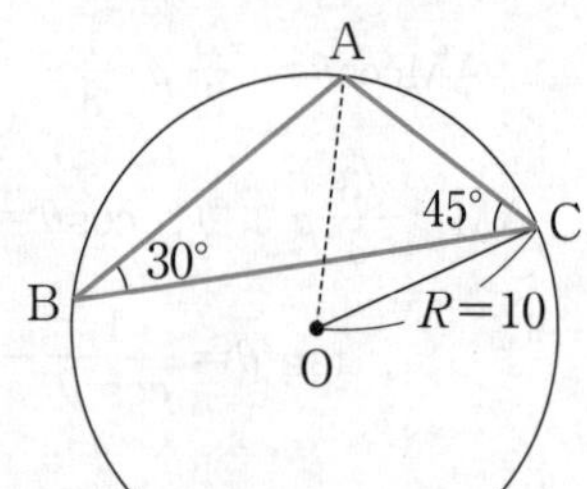

このとき下図のようにAからBCへ垂線を下した足をHとすれば，

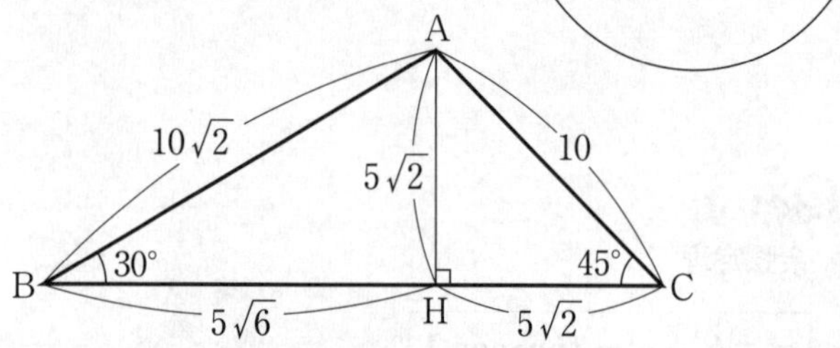

以上の長さがわかるので，

$$\triangle ABC=(5\sqrt{6}+5\sqrt{2})\cdot 5\sqrt{2}\cdot\frac{1}{2}=5\sqrt{2}(\sqrt{3}+1)\cdot 5\sqrt{2}\cdot\frac{1}{2}$$

$$=\mathbf{25(\sqrt{3}+1)}$$ 答

Point

▶ 円周角が **30°** のときの対辺の長さは，中心角が **60°** なので（対辺の長さ）＝（外接円の半径）となる。

4-9 正弦定理と余弦定理

△ABC において，$\sin A : \sin B : \sin C = 13 : 8 : 7$ のとき，A の大きさを求めよ

解答目安時間 5分　難易度

解　答

正弦定理より，$\sin A : \sin B : \sin C = a : b : c = 13 : 8 : 7$ であるから，

$$\begin{cases} a = 13k \\ b = 8k \\ c = 7k \end{cases}$$
$(k>0)$ とおける。△ABC に余弦定理を用いて，

$$\cos A = \frac{b^2+c^2-a^2}{2bc} = \frac{64k^2+49k^2-169k^2}{2\cdot 8k\cdot 7k} = -\frac{1}{2}$$

よって，$A = \mathbf{120^\circ}\left(=\frac{2}{3}\pi\right)$ 答

Point

▶ 正弦定理

$$\frac{a}{\sin A} = \frac{b}{\sin B} = \frac{c}{\sin C} = 2R$$
（R は外接円の半径）

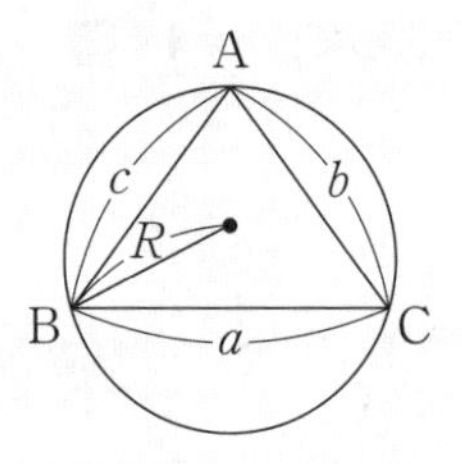

これは $a : b : c = \sin A : \sin B : \sin C$ を表している

・対角と対辺の関係が与えられている

・外接円の半径を求めるとき

などに使われる。

4 -10　余弦定理と三角形

△ABCにおいて，BC$=a$, CA$=b$, AB$=c$とする。次の問いに答えよ。

(1)　$b=\sqrt{2}$，$c=3$，$A=45^\circ$ のとき，aを求めよ。

(2)　$a=2\sqrt{10}$，$b=2\sqrt{2}$，$A=135^\circ$ のとき，cを求めよ。

解答目安時間　3分　　難易度 ◗◌◌◌◌

解　答

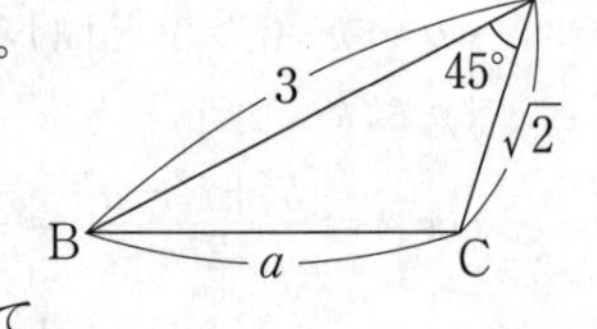

(1)　△ABCに余弦定理を用いて，

$a^2=3^2+(\sqrt{2})^2-2\cdot3\cdot\sqrt{2}\cos45^\circ$

$=9+2-6=5$

$a=\sqrt{5}$　**答**

(2)　△ABCに余弦定理を用いて，

$(2\sqrt{10})^2=c^2+(2\sqrt{2})^2-2\cdot c\cdot2\sqrt{2}\cos135^\circ$

$40=c^2+8+4c$

$(c-4)(c+8)=0$

よって，$c=4$　**答**

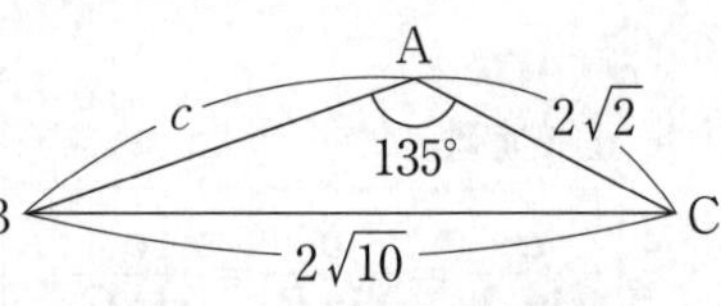

Point

▶ 三角形で**2**辺の長さと**1**つの角の大きさがわかるときは余弦定理を使う。

4-11 内接球の体積

底面が1辺の長さ6の正方形で，高さが4の正四角錐のすべての面に内接する球の体積を求めよ。

解答目安時間 5分  

解答

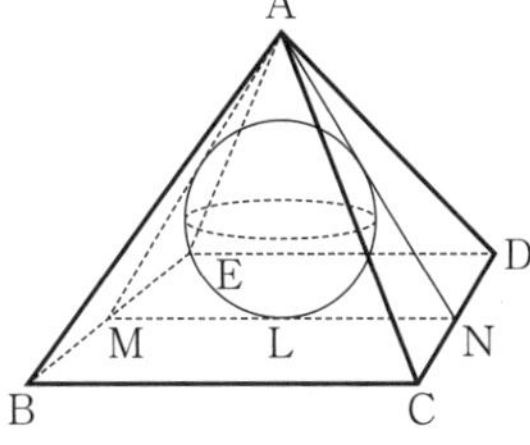

底面BCDEは1辺6の正方形であり，Aを正四角錐の頂点，BE，CDの中点をそれぞれM，NとしMNの中点をLとする。

内接球を含めて△AMNで切断すると，内接球の半径rは△AMNの内接円の半径に同じなので

$$r=\frac{2\times\frac{1}{2}\times6\times4}{6+5+5}=\frac{24}{16}=\frac{3}{2}$$

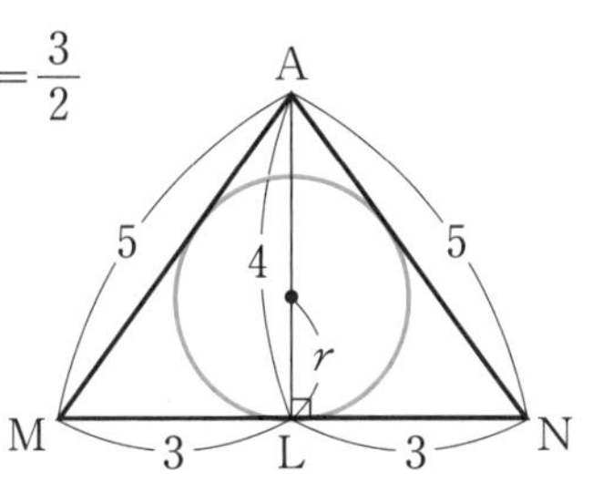

よって，内接球の体積は，

$$\frac{4}{3}\pi r^3=\frac{4}{3}\pi\left(\frac{3}{2}\right)^3$$

(公式)

$$=\boldsymbol{\frac{9}{2}}\pi$$ 答

別解

正四角錐の体積は

$$\frac{1}{3}\mathrm{BC}\cdot\mathrm{CD}\cdot\mathrm{AL}=\frac{1}{3}\cdot 6\cdot 6\cdot 4=48$$

$$\triangle\mathrm{ACD}=\triangle\mathrm{ADE}=\triangle\mathrm{ABE}=\triangle\mathrm{ABC}=\frac{1}{2}\cdot 6\cdot 5=15$$

であるから，内接球の半径を r とすると，四面体における表面積と体積の関係から

$$48=\frac{1}{3}r(6^2+15\cdot 4)$$

これを解いて

$$48=32r \iff r=\frac{3}{2}$$

よって，内接球の体積は

$$\frac{4}{3}\pi r^3=\frac{4}{3}\pi\left(\frac{3}{2}\right)^3=\boldsymbol{\frac{9}{2}\pi}$$ 答

Point

▶ 左右対称な非回転体の立体は左右対称に切断する。

▶ 三角形の内接円の半径 r は

$\triangle\mathbf{ABC}$ の面積を S として

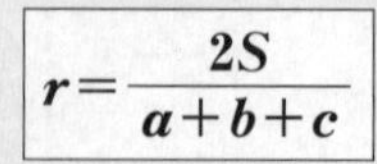

$$\boldsymbol{r=\frac{2S}{a+b+c}}$$

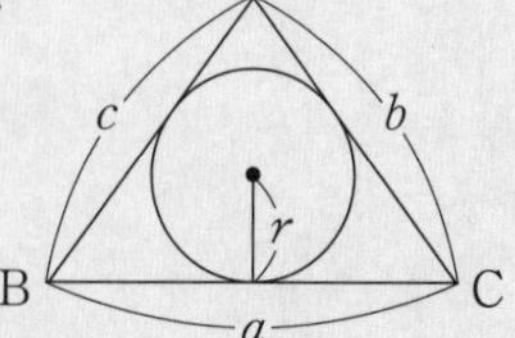

4-12 ヘロンの公式

3 辺の長さが 4，5，7 である三角形の内接円の半径を求めよ。

解答目安時間 4 分　難易度 

解答

右図のように △ABC を定める。ヘロンの公式から，△ABC の面積 S は $\frac{4+5+7}{2}=8$ より，

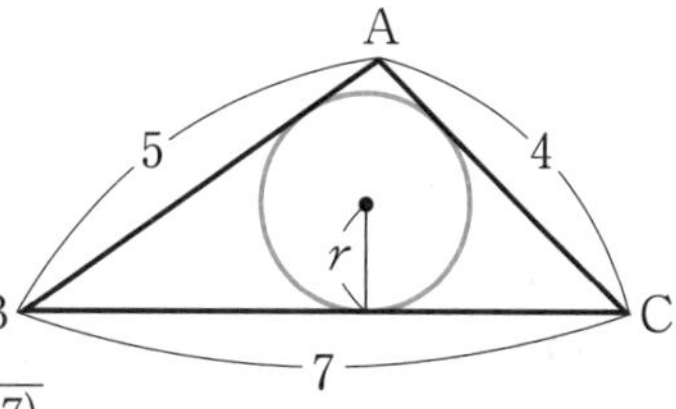

$$S=\sqrt{8(8-4)(8-5)(8-7)}$$
$$=\sqrt{8\cdot4\cdot3\cdot1}=4\sqrt{6}$$

したがって，内接円の半径は

$$r=\frac{2S}{a+b+c}=\frac{2\cdot4\sqrt{6}}{7+4+5}=\frac{\sqrt{6}}{2}$$ 答

Point

▶ ヘロンの公式

$\frac{a+b+c}{2}=s$ として，

△ABC
$$=\sqrt{s(s-a)(s-b)(s-c)}$$

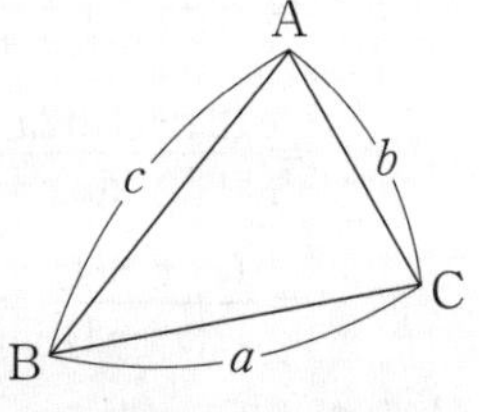

▶ **3 辺の長さのわかる三角形の面積はヘロンの公式を使う。**

4-13 三角形の最大角

3辺の長さが，x^2+x+1，$2x+1$，x^2-1 である三角形の最大の内角を求めよ。

解答目安時間 5分　難易度

解答

3辺の長さについて，

$$\begin{cases} x^2+x+1>0 & \cdots ① \\ 2x+1>0 & \cdots ② \\ x^2-1>0 & \cdots ③ \end{cases}$$

①かつ②かつ③を満たす x の条件は，$x>1$ …④

このとき，

①−②：$(x^2+x+1)-(2x+1)=x(x-1)>0$

①−③：$(x^2+x+1)-(x^2-1)=x+2>0$

よって，最大辺は x^2+x+1 となり，この対角が最大角。

これを θ とすると余弦定理から，

$$\cos\theta=\frac{(2x+1)^2+(x^2-1)^2-(x^2+x+1)^2}{2(2x+1)(x^2-1)}$$

$$=\frac{(2x+1)^2+(2x^2+x)(-x-2)}{2(2x+1)(x^2-1)}$$

$A^2-B^2=(A+B)(A-B)$ を利用

$$=\frac{(2x+1)\{(2x+1)-x(x+2)\}}{2(2x+1)(x^2-1)}$$

$$=\frac{(-x^2+1)}{2(x^2-1)}=-\frac{1}{2}$$

したがって，

$\theta=$**120°** 答

《注》 次のような計算の工夫ができる。

$(2x+1)^2-(x^2+x+1)^2$ 部分を $A^2-B^2=(A+B)(A-B)$ の因数分解とみて計算しても，$\cos\theta$ の分子は

$$
\begin{aligned}
&(2x+1)^2+(x^2-1)^2-(x^2+x+1)^2\\
&=(2x+1+x^2+x+1)(2x+1-x^2-x-1)+(x^2-1)^2\\
&=(x^2+3x+2)(-x^2+x)+(x^2-1)^2\\
&=-x(x-1)(x+1)(x+2)+(x^2-1)^2\\
&=(x^2-1)\{(-x^2-2x)+x^2-1\}\\
&=(x^2-1)(-2x-1)
\end{aligned}
$$

よって，

$$\cos\theta=\frac{-(x^2-1)(2x+1)}{2(2x+1)(x^2-1)}=-\frac{1}{2}$$

Point

- **3** 辺は必ず **0** 以上であることから，$\boldsymbol{x}$ の条件を導く。
- 三角形の最大の内角の対辺は最大辺になっている。

4-14 正弦定理の応用

△ABCにおいて，次式が成り立つ。

$a=2(b-c)\cos\dfrac{A}{2}$，$b=2c$

このとき，$\dfrac{A}{C}$ の値を求めよ。

解答目安時間 6分　難易度

解答

$a=2(b-c)\cos\dfrac{A}{2}$ に $b=2c$ を代入して，$a=2c\cdot\cos\dfrac{A}{2}$

正弦定理から上式は，$2R\sin A=2\cdot 2R\sin C\cdot\cos\dfrac{A}{2}$

両辺を $2R$ で割り，$\sin A=2\sin\dfrac{A}{2}\cos\dfrac{A}{2}$（2倍角の公式）

を代入すると，$2\sin\dfrac{A}{2}\cos\dfrac{A}{2}=2\sin C\cdot\cos\dfrac{A}{2}$

$0<A<\pi$ より，$0<\dfrac{A}{2}<\dfrac{\pi}{2}$ なので $2\cos\dfrac{A}{2}>0$ で両辺

を割って，$\sin\dfrac{A}{2}=\sin C$　…(＊)

$b=2c$ より，C が最大角にはならないので，

$0<C<\dfrac{\pi}{2}$，また $0<\dfrac{A}{2}<\dfrac{\pi}{2}$ であるから

(＊)より，$\dfrac{A}{2}=C$，つまり $\dfrac{A}{C}=\mathbf{2}$ 答

Point

▶ 角の比 $\dfrac{\boldsymbol{A}}{\boldsymbol{C}}$ を求めたいので辺 $\boldsymbol{a}$，$\boldsymbol{b}$，$\boldsymbol{c}$ を角 $\boldsymbol{A}$，$\boldsymbol{B}$，$\boldsymbol{C}$ に変形する。そのために正弦定理を用いる。

4-15 三角形の三辺の関係式

三角形の3辺 a, b, c に次の関係がある。

$$4b=a^2-2a-3,\ 4c=a^2+3$$

この三角形の最大の長さの辺に対する角の大きさを求めよ。

解答目安時間 6分　難易度 

解答

$b=\dfrac{1}{4}(a^2-2a-3)>0$ は，$(a-3)(a+1)>0$ より，$a>3$ …①

$c=\dfrac{1}{4}(a^2+3)>0$ は自明。

また，$c-b=\dfrac{1}{4}(a^2+3)-\dfrac{1}{4}(a^2-2a-3)=\dfrac{1}{2}(a+3)>0$

$c-a=\dfrac{1}{4}(a^2+3)-a=\dfrac{1}{4}(a-1)(a-3)>0$ （①より）

よって最大辺は c となる。このとき C が最大角となり，余弦定理から，$\cos C=\dfrac{a^2+b^2-c^2}{2ab}$ の値を求める。

分子 $=a^2+b^2-c^2=a^2+\dfrac{1}{16}(a^2-2a-3)^2-\dfrac{1}{16}(a^2+3)^2$

$=-\dfrac{1}{4}a(a^2-2a-3)=-ab$ （$b=\dfrac{1}{4}(a^2-2a-3)$ より）

よって，$\cos C=-\dfrac{ab}{2ab}=-\dfrac{1}{2}$ なので，

$C=\mathbf{120^\circ}\left(=\dfrac{\mathbf{2}}{\mathbf{3}}\pi\right)$ 答

Point

▶ 三角形の**3**辺の長さに関する式から角の大きさは余弦定理を使って求める。

4 -16　三角形の形状問題①

△ABC において，次の等式が成り立つとき，△ABC はどのような形をしているか。

$\sin A = 2\cos B\sin C$

解答目安時間　2分　　難易度

解　答

$\sin A = 2\cos B\sin C$ に正弦定理と余弦定理を用いて，

$$\frac{a}{2R} = 2\cdot\frac{c^2+a^2-b^2}{2ca}\cdot\frac{c}{2R}$$

$$\Leftrightarrow \quad a^2 = c^2+a^2-b^2$$

よって，$b^2 = c^2$ から，　$b = c$

したがって，**AB＝AC の二等辺三角形**　答

Point

▶ 三角形の形状問題は，正弦定理や余弦定理を用いて角の関係式から辺の関係を求めるとよい。

4-17 三角形の形状問題②

△ABC において，3つの角を A，B，C とするとき，

$\sin^2 A+\sin^2 B=\sin^2 C$，$\cos A+5\cos B+\cos C=5$

が成立している。辺 BC，CA，AB の長さを，それぞれ a，b，c で表したとき，$\dfrac{a+c}{b}$ の値を求めよ。

解答目安時間 5分　難易度

解答

$\sin^2 A+\sin^2 B=\sin^2 C$ に正弦定理を用いて，

$$\left(\frac{a}{2R}\right)^2+\left(\frac{b}{2R}\right)^2=\left(\frac{c}{2R}\right)^2$$

つまり，$a^2+b^2=c^2$ …①より，

$C=90°$

このとき右図のようになるから

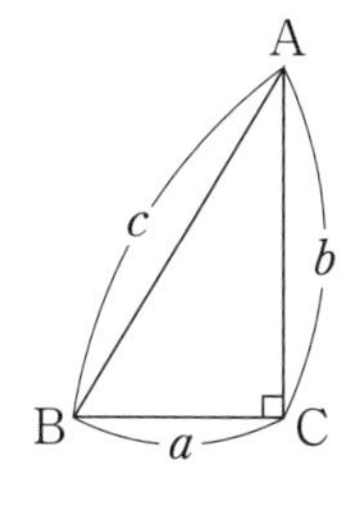

$$\cos A=\frac{b}{c},\ \cos B=\frac{a}{c}$$ より，

$$\cos A+5\cos B+\cos C=\frac{b}{c}+\frac{5a}{c}=5$$

$$b+5a=5c \iff b=5(c-a) \quad \cdots ②$$

①より，$b^2=(c-a)(c+a)$ であるから，②を代入して

$$b^2=\frac{b}{5}(c+a)$$

ゆえに，$\dfrac{a+c}{b}=\mathbf{5}$ 答

Point

▶ **C が直角三角形であることに気付いたら直角三角形の図をかいて考える。**

4-18 三角形の形状問題③

AB＝4，BC＝x，CA＝5 を満たす △ABC がある。次の問に答えよ。

(1) x の取りうる値の範囲を求めよ。

(2) △ABC が鋭角三角形となるような x の値の範囲を求めよ。

解答目安時間 7分　難易度

解答

(1) 三角形の成立条件より，

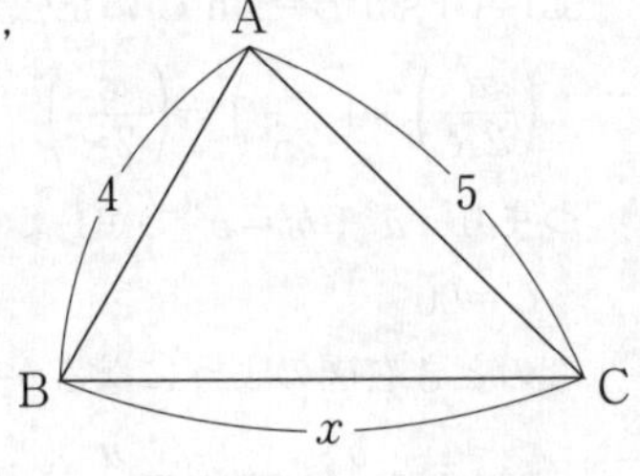

$$\begin{cases} 4+x>5 & \cdots ① \\ x+5>4 & \cdots ② \\ 5+4>x & \cdots ③ \end{cases}$$

①，②，③をすべて満足する x は

$\mathbf{1<x<9}$ 答

(2) △ABC の最大角が鋭角のとき，△ABC は鋭角三角形になるので以下の2つの場合を考える。

(i) AC が最大辺

このとき $1<x\leqq 5$ であり，B が最大角なので，

余弦定理から，$\cos B=\dfrac{4^2+x^2-5^2}{2\cdot 4\cdot x}>0$ つまり，$x^2-9>0$

これを解いて，$3<x\leqq 5$ …①

(ii) BC が最大辺

このとき $5\leqq x<9$ であり，A が最大角なので

余弦定理から，$\cos A=\dfrac{4^2+5^2-x^2}{2\cdot 4\cdot 5}>0$

つまり，$x^2-41<0$

これを解いて $5 \leqq x < \sqrt{41}$ …②

求める x は，①または②であるから，

$3<x<\sqrt{41}$ 答

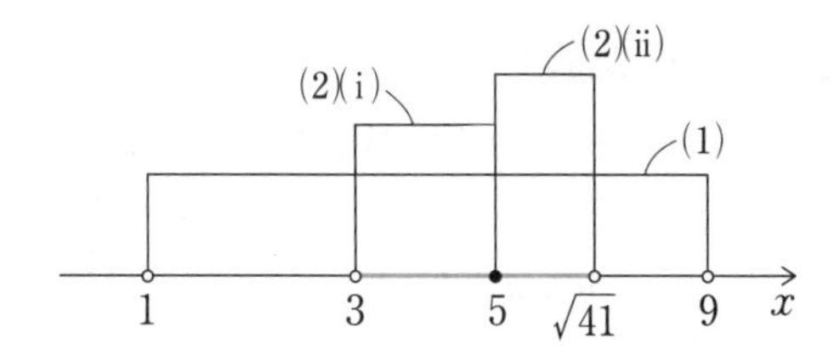

Point

▶ 三角形の成立条件は

2 辺の長さの和＞他の **1** 辺の長さ

▶ 三角形の形状問題は余弦定理を使うことが多い。

4 -19 三角比の範囲

$-4(\sin^2 x-\cos x)+a=0$ が解をもつための a の値の範囲を求めよ。

解答目安時間 3分　難易度

解答

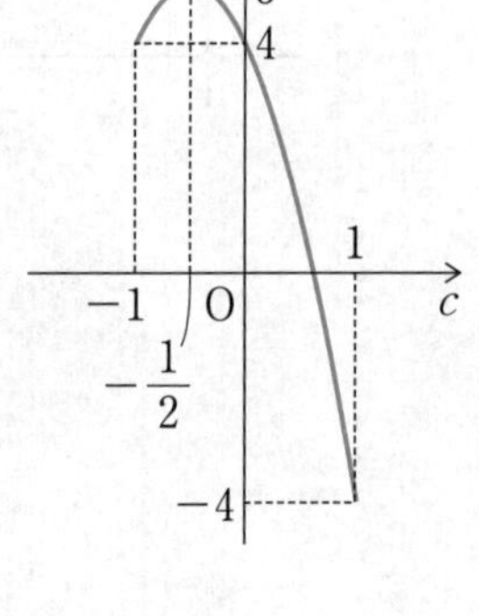

$-4(\sin^2 x-\cos x)+a=0$ を変形して

$-4(1-\cos^2 x-\cos x)+a=0$

$a=-4\cos^2 x-4\cos x+4$

$\cos x=c$ とおいて,

$a=-4c^2-4c+4$

$=-4\left(c+\frac{1}{2}\right)^2+5$

$-1\leqq c=\cos x\leqq 1$ に注意して,

a のとりうる値の範囲は右のグラフから,

$\boldsymbol{-4\leqq a\leqq 5}$ 答

Point

▶ **sin***x* と **cos***x* の混在する関数はできるだけ **sin***x* のみ，もしくは **cos***x* のみにする。

▶ おきかえた文字の範囲に注意する。

第5章 データの分析，統計

5-1 平均値・分散・標準偏差

次の表のデータは，厚生労働省発表の都道府県別にみた人口1人当たりの国民医療費（平成28年度）から抜き出したものである。ただし，単位は万円であり，小数第1位を四捨五入してある。

都道府県名	東京都	新潟県	富山県	石川県	福井県	大阪府
人口1人当たりの国民医療費	30	31	33	34	34	36

(1) 表のデータについて，次の値を求めよ。

(a) 平均値　　(b) 分散　　(c) 標準偏差

(2) 表のデータに，ある都道府県のデータを1つ追加したところ，平均値が34になった。このとき，追加されたデータの数値を求めよ。

解答目安時間 5分　　難易度

解答

(1) (a) 平均値 E とすると

$$E=\frac{1}{6}(30+31+33+34+34+36)=\mathbf{33}$$ 答

(b) 分散 s^2 とすると

$$s^2=\frac{1}{6}\{(30-33)^2+(31-33)^2+(33-33)^2+(34-33)^2$$

$$+(34-33)^2+(36-33)^2\}$$

$$=\frac{1}{6}(9+4+0+1+1+9)=\mathbf{4}$$ 答

(c)　標準偏差 s とすると

$s=\sqrt{s^2}=\mathbf{2}$ 答

(2)　追加されたデータの値を x とすると

$$\frac{1}{7}(6\times33+x)=34$$

$$6\times33+x=(33+1)\times7$$

$$x=7+33=\mathbf{40}$$ 答

Point

▶ **分散 s^2 と標準偏差 s**

n 個の変量のデータの値を x, x_2, ……, x_n とし，
この平均値を $\overline{x}$ としたとき，

分散　$s^2=\dfrac{1}{n}\left\{(x_1-\overline{x})^2+(x_2-\overline{x})^2+\cdots\cdots+(x_n-\overline{x})^2\right\}$

標準偏差 $=\sqrt{\text{分散}}$

$$s=\sqrt{\frac{1}{n}\left\{(x_1-\overline{x})^2+(x_2-\overline{x})^2+\cdots\cdots+(x_n-\overline{x})^2\right\}}$$

5-2 相関係数

下の表は，5人の生徒A，B，C，D，Eの英語と数学の小テスト(各10点満点)の点数をまとめたものである。ただし，a，bは0以上10以下の整数である。

	A	B	C	D	E
英語	a	b	6	a	5
数学	5	2	5	b	5

英語の点数の平均値が6，数学の点数の分散が1.6であるとき，次の問いに答えなさい。

(1) a，bの値を求めなさい。

(2) 英語の点数と数学の点数の相関係数を小数第3位を四捨五入して小数第2位まで求めなさい。

解答目安時間 8分　難易度

解答

(1) 英語の点数の平均値が6であるから，

$$\frac{a+b+6+a+5}{5}=6$$

すなわち

$$2a+b=19 \quad \cdots①$$

数学の点数の分散が1.6であるから，

$$\frac{5^2+2^2+5^2+b^2+5^2}{5}-\left(\frac{5+2+5+b+5}{5}\right)^2=1.6$$

すなわち

$$5(b^2+79)-(b+17)^2=40$$

となる。これを変形すると，

$$4b^2-34b+66=0$$

すなわち

$(2b-11)(b-3)=0$

b は 0 以上 10 以下の整数であるから，

$b=3$

①と合わせて

$a=\mathbf{8},\ b=\mathbf{3}$ 答

(2) 数学の点数の平均値は

$$\frac{5+2+5+3+5}{5}=4$$

である。

英語の点数，数学の点数をそれぞれ変数 x，y として，さらにそれらの偏差をそれぞれ

$X=x-6,\ Y=y-4$

と定めると，以下のような表を得る。

	x	y	X	Y	X^2	Y^2	XY
A	8	5	2	1	4	1	2
B	3	2	−3	−2	9	4	6
C	6	5	0	1	0	1	0
D	8	3	2	−1	4	1	−2
E	5	5	−1	1	1	1	−1
合計	30	20	0	0	18	8	5

変量 x，y の分散はそれぞれ

$${s_x}^2=\frac{18}{5}\quad {s_y}^2=\frac{8}{5}$$

であり，変量 x と y の共分散は

$$s_{xy}=\frac{5}{5}=1$$

であるから，x と y の相関係数は

$$\frac{s_{xy}}{s_x s_y}=\frac{1}{\sqrt{\frac{18}{5}}\sqrt{\frac{8}{5}}}=\frac{5}{12}=0.416\cdots$$

すなわち，およそ **0.42** 答

Point

▶ 分散・共分散・相関係数

分散　$s^2=\frac{1}{n}\{(x_1-\overline{x})^2+(x_2-\overline{x})^2+\cdots\cdots+(x_n-\overline{x})^2\}$

〈分散の別な求め方〉

分散＝(x^2 のデータの平均値)－(x のデータの平均値)^2

共分散　$s_{xy}=\frac{1}{n}\{(x_1-\overline{x})(y_1-\overline{y})$

$+(x_1-\overline{x})(y_1-\overline{y})+\cdots+(x_n-\overline{x})(y_n-\overline{y})\}$

相関係数　$r=\frac{s_{xy}}{s_x s_y}$

（ただし，S_x，S_y はそれぞれ x と y の標準偏差）

5-3 正規分布

確率変数Xが正規分布$N(20,\ 10^2)$に従うとき，次の確率を求めよ。ただし，次ページの正規分布表を用いてよい。

(1) $p(X \leqq 10)$　(2) $p(10 \leqq X \leqq 20)$

解答目安時間 5分　難易度

解答

(1) Xが$N(20,\ 10^2)$に従うとき

$Z=\dfrac{X-20}{10}$ は$N(0,\ 1)$に従う。

$X=10Z+20$ より　$X \leqq 10$

$10Z+20 \leqq 10$

$Z \leqq -1$

$p(X \leqq 10)=p(Z \leqq -1)=p(Z \geqq 1)$

$=0.5-p(1)=0.5-0.3413=\mathbf{0.1587}$　答

(2) $10 \leqq 10Z+20 \leqq 20$

$-1 \leqq Z \leqq 0$

$p(10 \leqq X \leqq 20)=p(-1 \leqq Z \leqq 0)$

$=p(0 \leqq Z \leqq 1)$

$=p(1)=\mathbf{0.3413}$　答

Point

▶ 標準正規分布

確率変数$\boldsymbol{X}$が正規分布$\boldsymbol{N(m,\ \sigma^2)}$に従うとき，

$\boldsymbol{Z=\dfrac{X-m}{\sigma}}$とおくと，確率変数$\boldsymbol{Z}$は標準正規分布$\boldsymbol{N(0,\ 1)}$に従う。

正規分布表

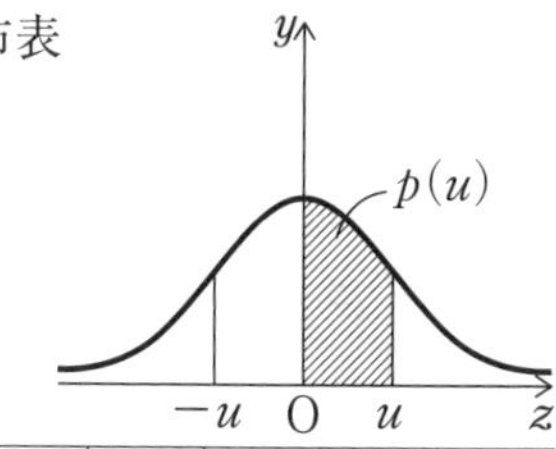

u	.00	.01	.02	.03	.04	.05	.06	.07	.08	.09
0.0	0.0000	0.0040	0.0080	0.0120	0.0160	0.0199	0.0239	0.0279	0.0319	0.0359
0.1	0.0398	0.0438	0.0478	0.0517	0.0557	0.0596	0.0636	0.0675	0.0714	0.0753
0.2	0.0793	0.0832	0.0871	0.0910	0.0948	0.0987	0.1026	0.1064	0.1103	0.1141
0.3	0.1179	0.1217	0.1255	0.1293	0.1331	01368	0.1406	0.1443	0.1480	0.1517
0.4	0.1554	0.1591	01628	0.1664	0.1700	0.1736	0.1772	0.1808	0.1844	0.1879
0.5	0.1915	0.1950	0.1985	0.2019	0.2054	0.2088	0.2123	0.2157	0.2190	0.2224
0.6	0.2257	0.2291	0.2324	0.2357	0.2389	0.2422	0.2454	0.2486	0.2517	0.2549
0.7	0.2580	0.2611	0.2642	0.2673	0.2704	0.2734	0.2764	0.2794	0.2823	0.2852
0.8	0.2881	0.2910	0.2939	0.2967	0.2995	0.3023	0.3051	0.3078	0.3106	0.3133
0.9	0.3159	0.3186	0.3212	0.3238	0.3264	0.3289	0.3315	0.3340	0.3365	0.3389
1.0	0.3413	0.3438	0.3461	0.3485	0.3508	0.3531	0.3554	0.3577	0.3599	0.3621
1.1	0.3643	0.3665	0.3686	0.3708	0.3729	0.3749	0.3770	0.3790	0.3810	0.3830
1.2	0.3849	0.3869	0.3888	0.3907	0.3925	0.3944	0.3962	0.3980	0.3997	0.4015
1.3	0.4032	0.4049	0.4066	0.4082	0.4099	0.4115	0.4131	0.4147	0.4162	0.4177
1.4	0.4192	0.4207	0.4222	0.4236	0.4251	0.4265	0.4279	0.4292	0.4306	0.4319
1.5	0.4332	0.4345	0.4357	0.4370	0.4382	0.4394	0.4406	0.4418	0.4429	0.4441
1.6	0.4452	0.4463	0.4474	0.4484	0.4495	0.4505	0.4515	0.4525	0.4535	0.4545
1.7	0.4554	0.4564	0.4573	0.4582	0.4591	0.4599	0.4608	0.4616	0.4625	0.4633
1.8	0.4641	0.4649	0.4656	0.4664	0.4671	0.4678	0.4686	0.4693	0.4699	0.4706
1.9	0.4713	0.4719	0.4726	0.4732	0.4738	0.4744	0.4750	0.4756	0.4761	0.4767
2.0	0.4772	0.4778	0.4783	0.4788	0.4793	0.4798	0.4803	0.4808	0.4812	0.4817
2.1	0.4821	0.4826	0.4830	0.4834	0.4838	0.4842	0.4846	0.4850	0.4854	0.4857
2.2	0.4861	0.4864	0.4868	0.4871	0.4875	0.4878	0.4881	0.4884	0.4887	0.4890
2.3	0.4893	0.4896	0.4898	0.4901	0.4904	0.4906	0.4909	0.4911	0.4913	0.4916
2.4	0.4918	0.4920	0.4922	0.4925	0.4927	0.4929	0.4931	0.4932	0.4934	0.4936
2.5	0.4938	0.4940	0.4941	0.4943	0.4945	0.4946	0.4948	0.4949	0.4951	0.4952
2.6	0.49534	0.49547	0.49560	0.49573	0.49585	0.49598	0.49609	0.49621	0.49632	0.49643
2.7	0.49653	0.49664	0.49674	0.49683	0.49693	0.49702	0.49711	0.49720	0.49728	0.49736
2.8	0.49744	0.49752	0.49760	0.49767	0.49774	0.49781	0.49788	0.49795	0.49801	0.49807
2.9	0.49813	0.49819	0.49825	0.49831	0.49836	0.49841	0.49846	0.49851	0.49856	0.49861
3.0	0.49865	0.49869	0.49874	0.49878	0.49882	0.49886	0.49889	0.49893	0.49897	0.49900

5-4 推定

母標準偏差が 10 である母集団から，大きさ 400 の標本を抽出したところ，標本平均 $\overline{X}$ は 4.36 となった。

このとき，母平均 m に対する信頼度 95% の信頼区間を求めよ。

解答目安時間 2分　難易度

解答

求める信頼区間は

$$\left[4.36-1.96\times\frac{10}{\sqrt{400}},\ 4.36+1.96\times\frac{10}{\sqrt{400}}\right]$$

すなわち

[3.38,　5.34]

Point

▶ 母平均の推定

標本の大きさ $\boldsymbol{n}$ が大きいとき，母平均 $\boldsymbol{m}$ に対する信頼度 **95**% の信頼区間は

$$\left[\overline{X}-1.96\cdot\frac{\sigma}{\sqrt{n}},\ \overline{X}+1.96\cdot\frac{\sigma}{\sqrt{n}}\right]$$

（注）　データの分析では標準偏差は $\boldsymbol{s}$ を用いたが、統計では標準偏差は $\boldsymbol{\sigma}$ を用いる。

▶ 推定の問題

推定の問題は公式に丁寧に当てはめればできます。

第6章 場合の数・確率

6-1 重複順列

数字1, 1, 2, 2, 3, 3, 4, 5, 6がそれぞれ書かれた9枚のカードを左から1列に並べ，9桁の自然数を作ることとする。奇数がすべて左から奇数番目にあるような異なる自然数の総数を求めよ。

解答目安時間 2分　難易度

解答

5つの奇数をすべて奇数番目に入れる並べ方は，

$\dfrac{5!}{2!2!}=30$ 通り

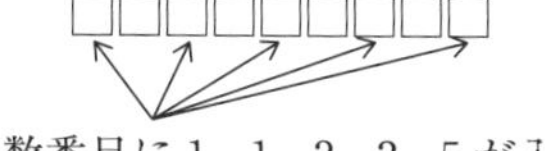

奇数番目に1, 1, 3, 3, 5が入る

残りの2, 2, 4, 6が偶数番目に入るのでこの並べ方が $\dfrac{4!}{2!}=12$ 通り

よって，求める場合の数は，$30\times12=$**360通り** 答

Point

▶ **A, A, A, B, B, C** など文字の重複のある順列は

全部で**6**文字

$$\frac{6!}{3!2!}=\frac{6\cdot5\cdot4\cdot3!}{3!2\cdot1}=60\text{ 通り}$$

Bが**2**つ　**A**が**3**つ

のように重複のある文字の個数の階乗で割る。

6 -2 場合の数の計算

正三角形ABCを図のような4つの合同な正三角形に分け，赤，白，青，黄の4色のうち任意の3色を用いて塗り分ける。隣りあう正三角形の色が異なるような塗り分け方の場合の数を求めよ。

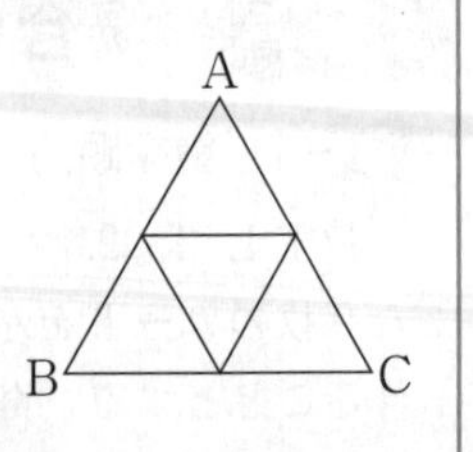

解答目安時間 3分　難易度

解答

赤をⓇ，白をⓌ，青をⒷ，黄をⓎとする。

まず使う3色の選び方が，${}_4C_3=4$ 通り。その3色で色塗りするとき，1色を2箇所に塗ることになるが，隣り合う色が異なる条件があるため，その色が真ん中に選ばれることはない。

よって，例えば使う3色をⓇ，Ⓦ，Ⓑとし，その中でⓇを2箇所に塗る場合，下の3パターンがあり，残りⓌ，Ⓑの塗り方は各2通り。

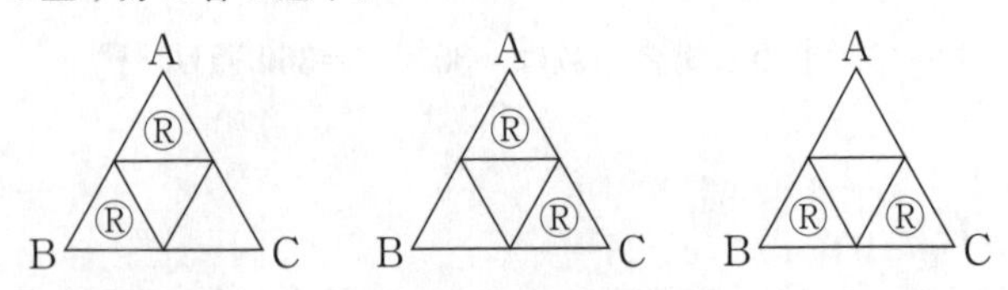

2箇所に塗る色の選び方は3通りなので

$4\times(3\times2)\times3=$ **72通り**　答

Point

- ▶ 場合の数は 選んで→並べる 。
- ▶ まず，使う色を選んでから並べる。

6-3 円順列

立方体の各面に1から6までの数字を重複せずに1個ずつ書く。書き方の総数を求めよ。

解答目安時間 3分　難易度

解答

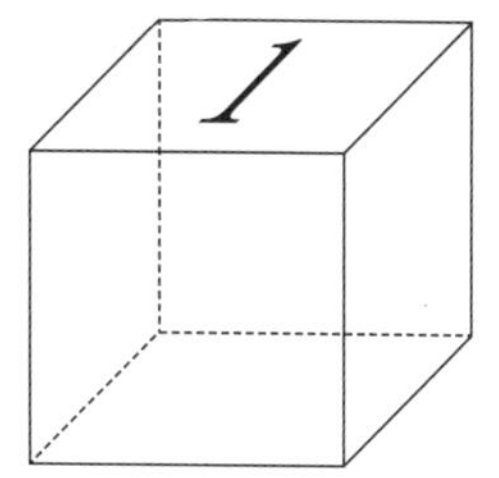

(i) 立方体の上の面に1を書き，この立方体を動かさないで考える。

(ii) このとき底面には2～6の5つの数のうちの1つが入る。これが5通り。

(iii) 上面と底面が決まると，4つの側面の並べ方は4つの円順列になるので，$(4-1)!=6$ 通り。

(i)(ii)(iii)が同時に起こるので，

$5\times6=$ **30 通り** 答

Point

- 円順列は**1**つを固定して考える。
- 円順列

異なる $\boldsymbol{n}$ 個のものを円形に並べる順列の総数 $(\boldsymbol{n}-\mathbf{1})!$

- 特に立体の場合 上，下，左，右の順に注意する。

6-4 数え上げ①

正六角形の異なる3つの頂点を選んで三角形を作ることとする。直角三角形になる場合の数と，正三角形になる場合の数を求めよ。

解答目安時間 2分　難易度

解答

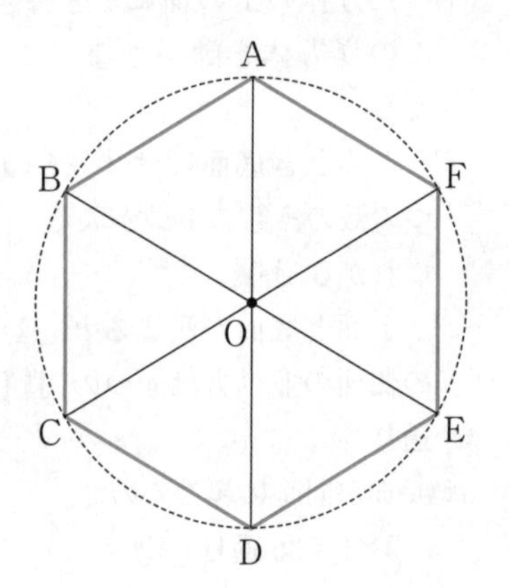

正六角形ABCDEFの外接円の中心をOとする。

3つの頂点からなる三角形が直角三角形になる場合，三角形の一辺は直径を通る(円周角の定理)。

たとえば1つの直径ADにつき残りの頂点はB，C，E，Fの4個。

直径は3本あるので

$3\times4=$**12通り** 答

正三角形になる場合は，

△ACEと△BDFの**2通り** 答

Point

- 正多角形について考えるときは外接円を使うと具体化しやすい。
- 「直角三角形」から円周角の定理を想起できるかが重要。

6-5 数え上げ②

6個の数字，0，1，2，3，4，5をそれぞれ1回ずつ使用して，6桁の整数を作るものとする。これらの6桁の整数すべてを小さい順に並べるとき，321450は何番目になるか。

解答目安時間 3分　難易度

解答

6桁を小さい順に並べて

1□□□□□は，5!＝120(個)

2□□□□□は，5!＝120(個)

3 0□□□□は，4!＝24(個)

3 1□□□□は，4!＝24(個)

3 2 0□□□は，3!＝6(個)

3 2 1 0□□は，2!＝2(個)

3 2 1 4 0 5は，1(個)

3 2 1 4 5 0は，1(個)

合計

120＋120＋24＋24＋6＋2＋1＋1＝**298番目** 答

Point

- 小さい順に並べるときは最高位の数から決めていく。
- 数えもれに注意する。

6 -6 順列①

A, B, C, D, E, F の文字が書かれた6枚のカードをすべて使って並べることとする。E, F が互いにとなり合う並べ方の場合の数と, A, B, C がどれもとなり合わない並べ方の場合の数をそれぞれ求めよ。

解答目安時間 4分　難易度

解　答

E, F がとなり合うのは, EF もしくは FE を一つのかたまりとした,

A, B, C, D, (EF) or A, B, C, D, (FE)

の順列を考えて, $5! \times 2 =$ **240 通り** 答

A, B, C がどれもとなり合わないのは, まず D, E, F を固定し, それぞれの文字の前後に A, B, C をいれると考える。

$$\begin{array}{ccccccc} A & & B & & & & C \\ \vee & & \vee & & \vee & & \vee \\ & \mathbf{D}, & & \mathbf{E}, & & \mathbf{F} & \end{array}$$

4ヶ所の∨に A, B, C をいれるのは, ${}_4C_3 \times 3!$ 通り

D, E, F の3文字の順列は, 3! 通り

これが同時に成り立つので,

${}_4C_3 \times 3! \times 3! = 24 \times 6 =$ **144 通り** 答

Point

▶「**3** つ以上の文字がとなり合わないとき」は, 他の文字の間にとなり合わない文字をいれる, という発想の転換が重要。

6-7 順列②

色の異なる3個のサイコロを同時にふり，出た目の数をそれぞれ a，b，c とする。$abc=60$ となる場合の数と $abc=120$ となる場合の数をそれぞれ求めよ。

解答目安時間 3分　難易度

解答

$1 \leqq a \leqq 6$，$1 \leqq b \leqq 6$，$1 \leqq c \leqq 6$，$abc=60$　…①

について，3つの数の積が60になる組は(2，5，6)，(3，4，5)の2組で，これを $(a,\ b,\ c)$ にあてはめる仕方は各3! 通りあるので，①を満たす $(a,\ b,\ c)$ は，$3! \times 2=$**12通り**　答

また，

$abc=120$　…②

について，3つの数の積が120になる組は，(4，5，6)の1組で，これを $(a,\ b,\ c)$ にあてはめる仕方が3! 通りあるので，②を満たす $(a,\ b,\ c)$ は，$3!=$**6通り**　答

Point

- 選んで→並べる が原則。
- 使う**3**つの数を選んで→ $(\boldsymbol{a},\ \boldsymbol{b},\ \boldsymbol{c})$ に並べる。

6 -8 仕切りを入れる

$x+y+z=8$ を満たし，x，y，z が自然数である解の組の総数を求めよ。また，$x+y+z+u=10$ を満たし，x，y，z，u が自然数である解の組の総数を求めよ。

解答目安時間 3分　難易度

解答

たとえば，$x+y+z=8$ を満たす組合せである
$(x,\ y,\ z)=(2,\ 1,\ 5)$ を

○ ○ | ○ | ○ ○ ○ ○ ○
$(x=2)$ $(y=1)$ $(z=5)$

のように，仕切りを入れて表わすことにすると，

○∨○∨○∨○∨○∨○∨○∨○

上の図の7個の∨から2個を選んで｜をいれると題意を満たすから，${}_7C_2=\dfrac{7!}{2!5!}=$**21通り** 答

同様に $x+y+z+u=10$ は，

○∨○∨○∨○∨○∨○∨○∨○∨○∨○

9個の∨から3個を選んで｜をいれる場合の数と考えて，

${}_9C_3=\dfrac{9!}{3!6!}=$**84通り** 答

Point

▶ 和が一定のものをいくつかのグループに分けるときは，「しきり」を入れて考えるとよい。

6-9 くじ引き

9本のくじを9人で引く。当たりくじは1本だけである。1人ずつ順番に引き，引いたくじは元に戻さず，当たりが出るまで引き続ける。最初に引いた人が当たる確率と，最後の人まで当たりくじが残っている確率を求めよ。

解答目安時間 2分　難易度

解答

最初に引く人が当たる確率は，$\frac{1}{9}$

最後の人まで当たりくじが残るのは，最初から8番目の人まで全員はずれを引くことになるので，

$$\frac{8}{9}\times\frac{7}{8}\times\frac{6}{7}\times\frac{5}{6}\times\frac{4}{5}\times\frac{3}{4}\times\frac{2}{3}\times\frac{1}{2}=\mathbf{\frac{1}{9}}$$ 答

Point

- くじを**1**人ずつ順番に引く→順列で考える。
- 最後の人が当たりくじ→ **8**番目まで全員はずれと考える。

6 -10 独立試行

箱Aには黒玉5個と白玉3個，箱Bには黒玉2個と白玉6個が入っている。箱Aあるいは箱Bから1個の玉を取り出して，元の箱に戻す試行を行う。箱Aについて試行を3回繰り返したとき，黒玉が2個出る確率，箱Bについて試行を5回繰り返したとき，黒玉が3個出る確率をそれぞれ求めよ。

解答目安時間 3分　難易度

解答

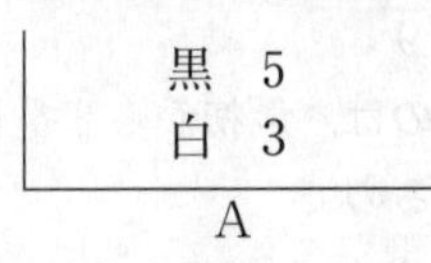

Aから3回中2回黒が出るのは，

$$ {}_3C_2\left(\frac{5}{8}\right)^2\cdot{}_1C_1\left(\frac{3}{8}\right)=3\cdot\frac{25}{64}\cdot\frac{3}{8}=\mathbf{\frac{225}{512}} $$ 答

（${}_3C_2$：3回中 2回，${}_1C_1$：残り1回中 1回）

Bから5回中3回黒が出るのは

$$ {}_5C_3\left(\frac{2}{8}\right)^3\cdot{}_2C_2\left(\frac{6}{8}\right)^2=10\cdot\left(\frac{1}{4}\right)^3\cdot\left(\frac{3}{4}\right)^2=\mathbf{\frac{45}{512}} $$ 答

（${}_5C_3$：5回中 3回，${}_2C_2$：残り2回中 2回）

Point

▶ n回中a回Aが起き　残り$n-a$回中b回Bが起きる確率は（Aの起こる確率$P(A)$，Bの起こる確率$P(B)$）

$$ {}_nC_a P(A)\cdot{}_{n-a}C_b P(B) $$

6-11 確率の計算①

2個のサイコロを同時に投げるとき，出た目の和が5の倍数になる確率を求めよ。

解答目安時間 2分　難易度

解答

右表のように，出た目の和が5の倍数に○印をすると全部で7通り。

よって，$\dfrac{7}{36}$ 答

サイコロB＼サイコロA	1	2	3	4	5	6
1				○		
2			○			
3		○				
4	○					○
5					○	
6				○		

補足

あえて計算で求めると，サイコロAの出目である1〜6にそれぞれ対応するサイコロBの目の出る確率を考えて，

$$\left(\frac{1}{6}\right)^2+\left(\frac{1}{6}\right)^2+\left(\frac{1}{6}\right)^2+\left(\frac{1}{6}\right)\cdot\left(\frac{2}{6}\right)+\left(\frac{1}{6}\right)^2+\left(\frac{1}{6}\right)^2$$

$=\dfrac{7}{36}$ 答

Point

▶ **2個のサイコロは表を使う。**

6 −12　確率の計算②

9人が一人ずつ順番に3個のサイコロを振る。三つすべての目が等しいとき「当たり」とし,「当たり」が出たらやめる。一巡しても「当たり」の出ない場合は,また初めの人に戻り,「当たり」が出るまで続ける。「当たり」が出る確率の最も高いのは，何番目にサイコロを振る人か。

解答目安時間　4分　　難易度

解　答

3個のサイコロの目の出方は，$6 \times 6 \times 6 = 216$ 通り。

1番目の人が当たる確率は，3個すべての目が等しいのは6通りあるので，$\dfrac{6}{216} = \dfrac{1}{36}$　…①

次に2番目の人が当たる確率は，1番目の人が当たらないで2番目の人が当たるので,

$$\left(1 - \frac{1}{36}\right) \times \frac{1}{36} = \frac{35}{36} \times \frac{1}{36} \quad \cdots②$$

3番目の人が当たる確率は，1番目，2番目の人が当たらないで3番目の人が当たるので,

$$\left(1 - \frac{1}{36}\right)^2 \times \frac{1}{36} = \left(\frac{35}{36}\right)^2 \times \frac{1}{36} \quad \cdots③$$

これをくり返すと，当たりが出る確率の最も高いのは,
①〜③より**1番目の人**　答

Point

- **3**個のサイコロはすべて区別して考える。
- 6 **−9**との違いに注意する。

6 −13 確率の計算③

サイコロを2回振って1回目に出た目をa，2回目に出た目をbとする。このとき方程式$x^2-2ax+b=0$が少なくとも1個の整数解をもつ確率を求めよ。

解答目安時間 4分　難易度

解答

$x^2-2ax+b=0$を解いて，

$(x-a)^2=a^2-b$

$x-a=\pm\sqrt{a^2-b}$

$x=a\pm\sqrt{a^2-b}$

xが整数となるのは，$\sqrt{a^2-b}$が整数となること，つまり，a^2-bが0以上の平方数となる場合である。

$\sqrt{a^2-b}$の値

a＼b	1	2	3	4	5	6
1	⓪	−1	−2	−3	−4	−5
2	3	2	①	⓪	−1	−2
3	8	7	6	5	④	3
4	15	14	13	12	11	10
5	24	23	22	21	20	19
6	35	34	33	32	31	30

したがって右の表より，

(a, b)は$(1, 1)$，$(2, 3)$，$(2, 4)$，$(3, 5)$の4通りある。

よって，$\frac{4}{36}=\mathbf{\frac{1}{9}}$ 答

Point

▶ **2**次方程式の解の整数条件に注意する。

▶ 6−**11**同様，表を作って数え上げる。

6-14 組合せと確率の応用

12本のくじの中にa本の当たりくじがあるとする。この中から同時に2本のくじを引くものとする。2本ともはずれる確率が$\frac{14}{33}$となるとき，aの値を求めよ。

解答目安時間 4分　難易度

解答

12本から2本を引くのだから，全ての起きる場合の数は，

$${}_{12}C_2=\frac{12\cdot11}{2\cdot1}$$

$12-a$本のはずれから2本引く場合の数は，

$${}_{12-a}C_2=\frac{(12-a)(11-a)}{2\cdot1}$$

よって2本ともはずれる確率は，

$$\frac{{}_{12-a}C_2}{{}_{12}C_2}=\frac{(12-a)(11-a)}{12\cdot11}=\frac{14}{33}$$

これを解いて，

$$(12-a)(11-a)=14\cdot4$$

$$\Leftrightarrow \quad a^2-23a+76=0$$

$$\Leftrightarrow \quad (a-4)(a-19)=0$$

$1\leqq a\leqq12$より，$\boldsymbol{a=4}$ 答

Point

▶ “2本のくじをとる”など複数本，複数個を同時に取るときは組合せを使う。

6-15 数え上げと確率

1から9までの番号が書かれた9枚のカードから同時に3枚取り出すものとする。3枚の番号の和が6で割り切れる確率を求めよ。

解答目安時間 6分　難易度

解答

3枚のカードの数を a, b, c $(a<b<c)$ とする。

$1 \leqq a \leqq 7$, $2 \leqq b \leqq 8$, $3 \leqq c \leqq 9$ に注意すると,

$1+2+3 \leqq a+b+c \leqq 7+8+9 \iff 6 \leqq a+b+c \leqq 24$

$a+b+c$ が6で割り切れるのは,

$a+b+c=6,\ 12,\ 18,\ 24$

(i) $a+b+c=6$ は, $(a,\ b,\ c)=(1,\ 2,\ 3)$

(ii) $a+b+c=12$ は, $(a,\ b,\ c)=(1,\ 2,\ 9)$, $(1,\ 3,\ 8)$, $(1,\ 4,\ 7)$, $(1,\ 5,\ 6)$, $(2,\ 3,\ 7)$, $(2,\ 4,\ 6)$, $(3,\ 4,\ 5)$

(iii) $a+b+c=18$ は, $(a,\ b,\ c)=(1,\ 8,\ 9)$, $(2,\ 7,\ 9)$ $(3,\ 6,\ 9)$, $(3,\ 7,\ 8)$, $(4,\ 5,\ 9)$, $(4,\ 6,\ 8)$, $(5,\ 6,\ 7)$

(iv) $a+b+c=24$ は, $(a,\ b,\ c)=(7,\ 8,\ 9)$

よって, $a+b+c$ が6で割り切れる場合の数は16通り。

全ての起きる場合の数が ${}_9\mathrm{C}_3$ 通りなので, 求める確率は

$$\frac{16}{{}_9\mathrm{C}_3}=\frac{16}{84}=\boldsymbol{\frac{4}{21}}$$ 答

Point

- **3枚のカードの組を決めるときは, 大小関係 ($a<b<c$ など) を定めて処理をする。**
- **数えもれに注意する。**

6-16 余事象①

袋の中に，赤，白，黄，緑の4色のボールが5個ずつ計20個入っている。この袋から3個のボールを一度に取り出すこととする。取り出した3個のボールの中に，赤いボールが少なくとも1つ含まれる確率と，赤いボールが1つだけ含まれる確率をそれぞれ求めよ。

解答目安時間 5分　難易度

解答

全事象は，${}_{20}C_3=\dfrac{20\cdot19\cdot18}{3\cdot2\cdot1}=20\cdot19\cdot3$ 通り。

その中で赤を含まない場合の数は，赤以外の15個の中から3個を取るので ${}_{15}C_3=\dfrac{15\cdot14\cdot13}{3\cdot2\cdot1}=5\cdot7\cdot13$ 通り。

赤を少なくとも1個含む確率は余事象を考えて

$$1-\frac{{}_{15}C_3}{{}_{20}C_3}=1-\frac{5\cdot7\cdot13}{20\cdot19\cdot3}=1-\frac{91}{228}=\mathbf{\frac{137}{228}}$$ 答

赤を1個だけ含む場合の数は，5個の赤から1個，赤以外の15個から2個を取るので

$${}_5C_1\cdot{}_{15}C_2=5\cdot\frac{15\cdot14}{2\cdot1}=5\cdot15\cdot7 \text{ 通り。}$$

よって，赤を1つだけ含む確率は，

$$\frac{{}_5C_1\cdot{}_{15}C_2}{{}_{20}C_3}=\frac{5\cdot15\cdot7}{20\cdot19\cdot3}=\mathbf{\frac{35}{76}}$$ 答

Point

▶ 同じ色の玉であってもすべて区別して考える。
▶「少なくとも**1**つ」=「**1**つ以上」を考えるときは余事象を使うと良い。

6-17 余事象②

3個のさいころを同時に投げて，出た目の最小値が4以上になる確率を求めよ。また3個のさいころを同時に投げて，出た目の最小値が4になる確率を求めよ。

解答目安時間 4分　難易度 

解答

全事象は，$6\times6\times6=6^3$ 通り

最小値4以上とは，全てのさいころの目が4～6となるときなので，この場合の数は，$3\times3\times3=3^3$ 通り。

求める最小値が4以上の確率は，$\dfrac{3^3}{6^3}=\mathbf{\dfrac{1}{8}}$ 答

また，最小値4＝(全てのさいころの目が4以上)
－(全てのさいころの目が5以上)

であるから　この確率は $\dfrac{3^3-2^3}{6^3}=\mathbf{\dfrac{19}{216}}$ 答

Point

▶ 最小値 a＝(さいころの目 a 以上)
－{さいころの目 $(a+1)$ 以上}
をイメージする。

6-18 余事象③

3人でじゃんけんをするとき，あいこ(勝敗がつかない)となる確率を求めよ。また，4人でじゃんけんをするとき，あいことなる確率を求めよ。

解答目安時間 4分　難易度

解　答

3人で1回じゃんけんをするとき，全事象は各人3通りだから，$3\times3\times3=3^3$ 通り。

そのうち1人だけ勝つのは，勝つ人の選び方が ${}_3C_1$ 通り，どの手で勝つのかが3通りあるので，${}_3C_1\times3=9$ 通り。

2人だけ勝つのは，1人だけ負けるので上記同様9通り。

よって，あいこの確率は全事象を考えて

$$1-\frac{9+9}{3^3}=1-\frac{18}{27}=\mathbf{\frac{1}{3}}$$ 答

4人で1回じゃんけんするときも同様に，勝つ人の選び方とどの手で勝つのかを考える。

全事象は，3^4 通り。

1人だけ勝つまたは3人だけ勝つ場合の数は，${}_4C_1\times3$ 通り。

2人だけ勝つのは，${}_4C_2\times3$ 通り。

余事象を考えて4人であいこになる確率は，

$$1-\frac{{}_4C_1\times3\times2+{}_4C_2\times3}{3^4}=1-\frac{8+6}{3^3}=1-\frac{14}{27}=\mathbf{\frac{13}{27}}$$ 答

Point

- ▶ じゃんけんは，勝つ人の選び方とどの手で勝つのかに注意する。
- ▶ あいこは，余事象で考えるとよい。

6 -19 確率の最大値

箱の中に白球 20 個，赤球 30 個が入っている。この箱の中から 1 つずつ 15 回球を取り出す(取り出した球は元の箱にもどす)。白球が n 回 $(0 \leqq n \leqq 15)$ 取り出される確率を P_n とする。P_n を最大とする n の値を求めよ。

解答目安時間 5 分　難易度 

解　答

箱の中から 1 つ球を取り出すとき，

赤球を取り出す確率は $\dfrac{3}{5}$

白球を取り出す確率は $\dfrac{2}{5}$

であるから，白球が n 回取り出される確率 P_n は，

$$P_n = {}_{15}\mathrm{C}_n \left(\frac{2}{5}\right)^n \left(\frac{3}{5}\right)^{15-n}$$

である。この n を $n+1$ にすると

$$P_{n+1} = {}_{15}\mathrm{C}_{n+1} \left(\frac{2}{5}\right)^{n+1} \left(\frac{3}{5}\right)^{14-n}$$

であるから，

$$\begin{aligned}
\frac{P_{n+1}}{P_n} &= \frac{{}_{15}\mathrm{C}_{n+1}}{{}_{15}\mathrm{C}_n} \cdot \frac{2}{5} \cdot \frac{5}{3} \\
&= \frac{2}{3} \cdot \frac{n!(15-n)!}{15!} \cdot \frac{15!}{(n+1)!(14-n)!} \\
&= \frac{2}{3} \cdot \frac{15-n}{n+1}
\end{aligned}$$

$\dfrac{P_{n+1}}{P_n} \geqq 1$ となるのは

$$\frac{2}{3}\cdot\frac{15-n}{n+1} \geqq 1$$

$$30-2n \geqq 3n+3$$

ゆえに, $n \leqq \dfrac{27}{5} = 5.4$ （n は自然数により等号は不成立）

したがって

$$P_1 < P_2 < \cdots < P_5 < P_6 > P_7 > P_8 \cdots$$

となるから, P_n を最大とする n の値は

$\boldsymbol{n=6}$ 答

Point

- 独立試行の確率 $\boldsymbol{P_n}$ の最大値は, $\dfrac{\boldsymbol{P_{n+1}}}{\boldsymbol{P_n}} \geqq \mathbf{1}$ となる $\boldsymbol{n}$ を求める。
- **2** つの事象において，お互いの結果が影響しないとき，**2** つの事象は独立であるという。

6 -20 期待値

袋Aには赤玉2個と白玉4個，袋Bには赤玉3個と白玉3個，袋Cには赤玉4個と白玉2個が入っている。

袋Aから玉を1個取り出し，その玉が赤玉ならば袋Bから，白玉ならば袋Cから2個の玉を同時に取り出す。

(1) 取り出された3個の玉のうち少なくとも1個が白玉であることがわかっているとき，2個が赤玉であり1個が白玉である条件つき確率を求めよ。

(2) 赤玉の個数の期待値を求めよ。

解答目安時間 8分　難易度 

解答

$$\mathrm{A}\begin{pmatrix}赤\,2\\白\,4\end{pmatrix},\ \mathrm{B}\begin{pmatrix}赤\,3\\白\,3\end{pmatrix},\ \mathrm{C}\begin{pmatrix}赤\,4\\白\,2\end{pmatrix}$$

この中から3個を取る確率は次の6通り。

A 赤　B 赤赤 ……　$\dfrac{2}{6}\cdot\dfrac{{}_3C_2}{{}_6C_2}=\dfrac{1}{15}$

赤白 ……　$\dfrac{2}{6}\cdot\dfrac{{}_3C_1\cdot{}_3C_1}{{}_6C_2}=\dfrac{3}{15}$

白白 ……　$\dfrac{2}{6}\cdot\dfrac{{}_3C_2}{{}_6C_2}=\dfrac{1}{15}$

A 白　C 赤赤 ……　$\dfrac{4}{6}\cdot\dfrac{{}_4C_2}{{}_6C_2}=\dfrac{4}{15}$

赤白 ……　$\dfrac{4}{6}\cdot\dfrac{{}_4C_1\cdot{}_2C_1}{{}_6C_2}=\dfrac{16}{45}$

白白 ……　$\dfrac{4}{6}\cdot\dfrac{{}_2C_2}{{}_6C_2}=\dfrac{2}{45}$

(1)　取り出された3個の玉のうち少なくとも1個が白玉である事象をD，2個が赤玉であり1個が白玉である事象をEとすると

$$p(D)=\frac{3}{15}+\frac{1}{15}+\frac{16}{45}+\frac{2}{45}=\frac{2}{3}$$

$$p(E\cap D)=\frac{3}{15}+\frac{4}{15}=\frac{7}{15}$$

よって，求める条件つき確率 $p_D(E)$ は

$$p_D(E)=\frac{p(E\cap D)}{p(D)}=\mathbf{\frac{7}{10}}$$ 答

(2)　赤玉が1個である確率　…　$\frac{1}{15}+\frac{16}{45}=\frac{19}{45}$

赤玉が2個である確率　…　$\frac{3}{15}+\frac{4}{15}=\frac{7}{15}$

赤玉が3個である確率　…　$\frac{1}{15}$

よって，求める期待値は

$$1\times\frac{19}{45}+2\times\frac{7}{15}+3\times\frac{1}{15}=\mathbf{\frac{14}{9}}$$ 答

Point

▶ 期待値

変量 X のとりうる値を x_1，x_2，……，x_n としたとき，X がこれらの値をとる確率を，それぞれ p_1，p_2，……，p_n とすると，X の期待値 E は

$$\boxed{E=x_1p_1+x_2p_2+\cdots\cdots+x_np_n}$$

（ただし，$p_1+p_2+\cdots\cdots+p_n=1$ とする）

第7章 式と証明

7-1 剰余の定理と因数定理

x^3-4x^2-ax+b は，$x+2$ で割ると -4 余り，$x-1$ で割ると 2 余る。a，b の値を求めよ。

解答目安時間 2分　難易度

解答

$x^3-4x^2-ax+b=(x+2)P(x)-4$ …① （$P(x)$：商）

$x^3-4x^2-ax+b=(x-1)Q(x)+2$ …② （$Q(x)$：商）

①に $x=-2$ を代入して，

$-24+2a+b=-4 \iff 2a+b=20$ …③

②に $x=1$ を代入して，

$-3-a+b=2 \iff -a+b=5$ …④

③，④を解いて，$a=\mathbf{5}$，$b=\mathbf{10}$ 答

Point

▶ $\boldsymbol{x}$ の多項式 $\boldsymbol{f(x)}$ を，$\boldsymbol{(x-p)}$ で割った余りが $\boldsymbol{r}$ であるとき，$\boldsymbol{f(x)=(x-p)}\times$ 商 $\boldsymbol{+r}$ なので $\boldsymbol{f(p)=r}$ となる。これを **剰余の定理** という。

特に $\boldsymbol{r=0}$ のとき，**因数定理** という。

7 -2 複素数と方程式①

実数係数の方程式 $x^4+px^3-2x^2+qx-4=0$ が $1+i$ を解にもつとき，p，q の値を求めよ。また残りのすべての実数解を求めよ。

解答目安時間 2分　難易度

解答

(解1)　$x=1+i$ のとき，

$$x^2=(1+i)^2=1+2i+i^2=2i \quad (i^2=-1)$$

$$x^3=x\cdot x^2=(1+i)\cdot 2i=2i-2$$

$$x^4=x^2\cdot x^2=2i\cdot 2i=-4$$

これを $x^4+px^3-2x^2+qx-4=0$ に代入して

$$\Leftrightarrow \quad -4+p(2i-2)-2\cdot 2i+q(1+i)-4=0$$

$$\Leftrightarrow \quad (-2p+q-8)+(2p+q-4)i=0$$

p，q は実数なので，$\begin{cases} -2p+q-8=0 \\ 2p+q-4=0 \end{cases}$

これを解いて，$(p,\ q)=(\mathbf{-1},\ \mathbf{6})$ 答

このとき与式は，

$$x^4-x^3-2x^2+6x-4=0$$

$$(x-1)(x^3-2x+4)=0$$

$$(x-1)(x+2)(x^2-2x+2)=0$$

よって，実数解は $x=\mathbf{1}$ or $\mathbf{-2}$ 答

（解2） $x^4+px^3-2x^2+qx-4=0$ は実数係数方程式なので，$x=1+i$ をもつとき共役な解 $x=1-i$ ももつ。

ここで，$x-1=\pm i$ の両辺を2乗して

$$x^2-2x+1=-1 \iff x^2-2x+2=0$$

したがって，定数項に着目することにより

$$x^4+px^3-2x^2+qx-4$$
$$=(x^2-2x+2)(x^2+ax-2)\cdots(*)\ (a\text{ は実数})$$

と書ける。この右辺を展開して

$$x^4+(-2+a)x^3-2ax^2+(2a+4)x-4$$

左辺と係数を比べて

$$\begin{cases} p=-2+a \\ -2=-2a \\ q=2a+4 \end{cases}$$

これを解いて $a=1$，$\boldsymbol{p=-1}$，$\boldsymbol{q=6}$ 答

このとき（＊）は，

$$(x^2-2x+2)(x^2+x-2)$$
$$=(x^2-2x+2)(x+2)(x-1)=0$$

よって，実数解は $\boldsymbol{x=-2}$ or $\boldsymbol{1}$ 答

(解 3)　$x=1\pm i$ が解であるから，$x^4+px^3-2x^2+qx-4$ は x^2-2x+2 で割り切れる。

$$
\begin{array}{r|l}
 & x^2+(p+2)x+2p \\
\hline
x^2-2x+2 & x^4+px^3-2x^2+qx-4 \\
 & x^4-2x^3+2x^2 \\
\hline
 & (p+2)x^3-4x^2+qx-4 \\
 & (p+2)x^3-2(p+2)x^2+2(p+2)x \\
\hline
 & \qquad 2px^2+(q-2p-4)x-4 \\
 & \qquad 2px^2-4px+4p \\
\hline
 & \qquad\qquad (q+2p-4)x-4-4p
\end{array}
$$

よって，$q+2p-4=0$，$-4-4p=0$ であるから，

$p=\mathbf{-1}$，$q=\mathbf{-6}$ 答

このとき与式は $(x^2-2x+2)(x+2)(x-1)=0$ となるから，実数解は $x=\mathbf{-2}$ or $\mathbf{1}$ 答

(解 4)　実数解をもつからそれを α，β とすると

$$
\begin{aligned}
&x^4+px^3-2x^2+qx-4 \\
&=(x-\alpha)(x-\beta)(x-1-i)(x-1+i) \\
&=(x-\alpha)(x-\beta)(x^2-2x+2)
\end{aligned}
$$

と因数分解できる。

定数項と x^2 の係数を左辺と右辺で比べて

$$
\begin{cases}
-4=2\alpha\beta \\
-2=2+2\alpha+2\beta+\alpha\beta
\end{cases}
$$

$$\Leftrightarrow \quad \alpha\beta=-2,\ \alpha+\beta=-1$$

α，β は 2 次方程式 $x^2+x-2=0$ の 2 解であるから，実数解は $x=\mathbf{-2}$ or $\mathbf{1}$ 答

このとき $x^4+px^3-2x^2+qx-4$

$$=(x^2+x-2)(x^2-2x+2)$$

$=x^4-x^3-2x^2+6x-4$

であるから，$p=-1$，$q=6$ 答

Point

▶ 複素数

①実数（**real number** →実在するイメージ）
虚数（**imaginary number** →実在しないイメージ）
この **2** つを合わせて複素数（**complex number**）
簡単に言えばすべての数のイメージ，$\boldsymbol{a}$，$\boldsymbol{b}$ を実数として $\boldsymbol{a+bi}$ を複素数といい

$\boldsymbol{a+bi=0}$ のとき　$\boldsymbol{a=b=0}$（複素数の相等）

→（解 **1**）

② $\boldsymbol{n \geqq 2}$ として，$\boldsymbol{x}$ の $\boldsymbol{n}$ 次方程式

$$\boldsymbol{a_n x^n + a_{n-1} x^{n-1} + \cdots + a_2 x^2 + a_1 x + a_0 = 0}$$

の係数 $\boldsymbol{a_0}$，$\boldsymbol{a_1}$，$\boldsymbol{a_2}$ …，$\boldsymbol{a_n}$ のすべてが実数である実数係数方程式が，$\boldsymbol{x=p+qi}$（$\boldsymbol{p}$，$\boldsymbol{q}$ 実数）を解にもつとき，その共役な解 $\boldsymbol{x=p-qi}$ もこの方程式の解
→（解 **2**）

7 -3　複素数と方程式②

方程式 $2x^5-12x^4+43x^3-55x^2+ax+b=0$ の1つの解が $x=2+3i$ のとき，a，b の値を求めよ。ただし，a，b は実数とし，i は虚数単位である。また，残りすべての実数解の値も求めよ。

解答目安時間　3分　　難易度

解　答

$$2x^5-12x^4+43x^3-55x^2+ax+b=0$$

は実数係数方程式なので，$x=2+3i$ とその共役な $x=2-3i$ を解にもつ。よって，

$$x=2\pm3i \iff x-2=\pm3i$$

の両辺を2乗して

$$(x-2)^2=-9 \iff x^2-4x+13=0$$

したがって，$2x^5-12x^4+43x^3-55x^2+ax+b$ は $x^2-4x+13$ で割り切れる。

割り算を実行すると

$$\begin{array}{r}
2x^3-4x^2+x+1 \\
x^2-4x+13\,\big)\,\overline{2x^5-12x^4+43x^3-55x^2+ax+b} \\
\underline{2x^5-8x^4+26x^3} \\
-4x^4+17x^3-55x^2 \\
\underline{-4x^4+16x^3-52x^2} \\
x^3-3x^2+ax \\
\underline{x^3-4x^2+13x} \\
x^2+(a-13)x+b \\
\underline{x^2-4x+13} \\
(a-9)x+b-13
\end{array}$$

余りが0なので，$a=\mathbf{9}$，$b=\mathbf{13}$ 答

このとき与式は，

$$2x^5-12x^4+43x^3-55x^2+9x+13=0$$
$$\Leftrightarrow \quad (x^2-4x+13)(2x^3-4x^2+x+1)=0$$
$$\Leftrightarrow \quad (x^2-4x+13)(x-1)(2x^2-2x-1)=0$$

これを解いて，$x=2\pm3i$ or 1 or $\dfrac{1\pm\sqrt{3}}{2}$

よって実数解は，$x=\mathbf{1}$ or $\dfrac{\mathbf{1\pm\sqrt{3}}}{\mathbf{2}}$ 答

Point

▶ $\boldsymbol{f(x)=q(x)\times h(x)}$ と因数分解できるとき，
$\boldsymbol{f(x)\div q(x)}$ や $\boldsymbol{f(x)\div h(x)}$ の余りは $\mathbf{0}$。

7-4　3次方程式の解と係数の関係①

方程式 $x^3-5x+6=0$ の解を α, β, γ とするとき，$\alpha^3+\beta^3+\gamma^3$ の値を求めよ。

解答目安時間　2分　　難易度

解　答

α, β, γ は方程式 $x^3-5x+6=0$ の解であるから，

$\alpha^3=5\alpha-6$

$\beta^3=5\beta-6$

$\gamma^3=5\gamma-6$

解と係数の関係より，$\alpha+\beta+\gamma=0$ であるから，

$$\alpha^3+\beta^3+\gamma^3=5(\alpha+\beta+\gamma)-18$$
$$=\mathbf{-18}$$ 答

Point

▶ 方程式 $\boldsymbol{f(x)=0}$ の解が $\boldsymbol{\alpha}$ ならば，$\boldsymbol{f(\alpha)=0}$ が成り立つ。

▶ **3次方程式の解と係数の関係**

$\boldsymbol{ax^3+bx^2+cx+d=0}$ $(\boldsymbol{a\neq0})$ の解を $\boldsymbol{x=\alpha,\ \beta,\ \gamma}$ とするとき

$$\begin{cases} \alpha+\beta+\gamma=-\dfrac{b}{a} \\ \alpha\beta+\beta\gamma+\gamma\alpha=\dfrac{c}{a} \\ \alpha\beta\gamma=-\dfrac{d}{a} \end{cases}$$

（これを解と係数の関係という）

7-5 3次方程式の解と係数の関係②

3次方程式 $x^3-x^2+2x+3=0$ の解を α, β, γ とする。
$(\alpha+1)(\beta+1)(\gamma+1)-\alpha^2-\beta^2-\gamma^2$ の値を求めよ。

解答目安時間 3分　難易度

解答

$x^3-x^2+2x+3=0$ の解 $\alpha,\ \beta,\ \gamma$ について，解と係数の関係から，

$$\begin{cases} \alpha+\beta+\gamma=1 & \cdots① \\ \alpha\beta+\beta\gamma+\gamma\alpha=2 & \cdots② \\ \alpha\beta\gamma=-3 & \cdots③ \end{cases}$$

が成り立つ。ここで，$(\alpha+1)(\beta+1)(\gamma+1)-\alpha^2-\beta^2-\gamma^2$ を展開すると，

$$\alpha\beta\gamma+\alpha\beta+\beta\gamma+\gamma\alpha+\alpha+\beta+\gamma+1-(\alpha^2+\beta^2+\gamma^2)$$
$$=-3+2+1+1-\{(\alpha+\beta+\gamma)^2-2(\alpha\beta+\beta\gamma+\gamma\alpha)\}$$
$$=1-(1^2-2\cdot2)=\mathbf{4}$$ 答

Point

▶ **$\alpha^2+\beta^2+\gamma^2=(\alpha+\beta+\gamma)^2-2(\alpha\beta+\beta\gamma+\gamma\alpha)$ の変形に気付けるかどうかで差がつく。**

7 -6 相加平均・相乗平均

$x>\dfrac{1}{6}$ のとき，分数式 $\dfrac{36x^2+102x-17}{6x-1}$ の最小値を求めよ。

解答目安時間 5分　難易度

解答

$$\frac{36x^2+102x-17}{6x-1}=\frac{(6x-1)^2+114x-18}{6x-1}$$ （約分を作る）

$$=6x-1+\frac{19(6x-1)+1}{6x-1}$$ （約分を作る）

$$=6x-1+19+\frac{1}{6x-1}$$

$$=(6x-1)+\frac{1}{6x-1}+19$$

上式は $x>\dfrac{1}{6}$ より，$6x-1>0$ なので，相加・相乗平均の不等式より

$$\frac{36x^2+102x-17}{6x-1}\geqq 2\sqrt{(6x-1)\cdot\frac{1}{6x-1}}+19=21$$

等号が成立する（最小となる）のは，

$6x-1=\dfrac{1}{6x-1}$　つまり　$x=\dfrac{1}{3}$ のとき

最小値は **21**　答

別解

$6x-1=t>0$ とおくと与式は,

$$\frac{1}{t}\left\{36\left(\frac{t+1}{6}\right)^2+102\left(\frac{t+1}{6}\right)-17\right\}$$

$$=\frac{1}{t}(t^2+2t+1+17t+17-17)$$

$$=t+\frac{1}{t}+19$$

$$\geqq 2\sqrt{t\cdot\frac{1}{t}}+19=21$$

等号は $t=\frac{1}{t}$, つまり, $t=1$ $\left(x=\frac{1}{3}\right)$ のときに成り立つから, 最小値は **21** 答

Point

▶ 相加・相乗平均の不等式

$\boldsymbol{a>0}$, $\boldsymbol{b>0}$ のとき

$$\frac{\boldsymbol{a+b}}{\boldsymbol{2}}\geqq\sqrt{\boldsymbol{ab}}\ (\text{等号成立は } \boldsymbol{a=b})$$

▶ この不等式は, $\boldsymbol{a+b\geqq 2\sqrt{ab}}$ と変形し, $\boldsymbol{ab}$ が一定値になるときに使うことが多い。

▶ $\frac{\boldsymbol{f(x)}}{\boldsymbol{g(x)}}$ の場合, 約分を作ることで分数式をシンプル化し, 分母と同じ多項式が作れるときに相加・相乗平均の不等式を用いることが多い。

7-7　2次方程式の共通解

3つの2次方程式 $x^2+2x-a=0$, $2x^2-ax+1=0$, $-ax^2+x+2=0$ $(a\neq 0)$ が，ただ1つの共通の実数の解をもつとする。実数 a の値を求めよ。

解答目安時間　5分　　難易度

解答

共通解を $x=\alpha$ とおくと

$$\begin{cases} \alpha^2+2\alpha-a=0 & \cdots① \\ 2\alpha^2-a\alpha+1=0 & \cdots② \\ -a\alpha^2+\alpha+2=0 & \cdots③ \end{cases}$$

（a と α の連立方程式をイメージ）

①×2−②：$(4+a)\alpha-2a-1=0$

共通の実数解 α が存在するので，$a+4\neq 0$ であるから，

$$\alpha=\frac{2a+1}{a+4}$$

これを③へ代入して，

$$-a\left(\frac{2a+1}{a+4}\right)^2+\frac{2a+1}{a+4}+2=0$$

この両辺を $(a+4)^2$ 倍して整理すると，

$$a^3-6a-9=0$$

$$\Leftrightarrow\quad (a-3)(a^2+3a+3)=0$$

a は実数なので，$\boldsymbol{a=3}$　答

Point

▶ **共通解問題は，共通解を $x=\alpha$ として，連立方程式を解く。**

7-8 二項定理

$\left(x^2+\dfrac{6}{x}\right)^6$ の展開式における x^6 の係数，および定数項を求めよ。

解答目安時間 4分　難易度

解答

$\left(x^2+\dfrac{6}{x}\right)^6$ の展開式の一般項は，

$${}_6C_k(x^2)^{6-k}\left(\frac{6}{x}\right)^k={}_6C_k\cdot6^k\cdot x^{12-3k} \quad \cdots ①$$

x^6 の係数は，$12-3k=6$，つまり，$k=2$ のときなので①より，

$${}_6C_2\,6^2=15\cdot6^2=\mathbf{540}$$ 答

定数項は，$12-3k=0$，つまり，$k=4$ のときなので①より，

$${}_6C_4\,6^4=15\cdot6^4=\mathbf{19440}$$ 答

Point

▶ 二項定理

$$(a+b)^n={}_nC_0a^n+{}_nC_1a^{n-1}b+{}_nC_2a^{n-2}b^2+\cdots+{}_nC_nb^n$$

$$=\sum_{k=0}^{n}{}_nC_ka^{n-k}b^k$$

この Σ 内の ${}_nC_ka^{n-k}b^k$ を展開式の一般項という。

7-9 二項係数の等式

次の等式を証明せよ。(n は0以上の整数)

(1) ${}_n\mathrm{C}_0+{}_n\mathrm{C}_1+{}_n\mathrm{C}_2+\cdots+{}_n\mathrm{C}_n=2^n$

(2) ${}_n\mathrm{C}_0-{}_n\mathrm{C}_1+{}_n\mathrm{C}_2-\cdots+(-1)^n{}_n\mathrm{C}_n=0$

(3) ${}_n\mathrm{C}_1+2{}_n\mathrm{C}_2+3{}_n\mathrm{C}_3+\cdots+n{}_n\mathrm{C}_n=n2^{n-1}$

解答目安時間 4分　難易度

解答

$(1+x)^n=1+{}_n\mathrm{C}_1x+{}_n\mathrm{C}_2x^2+\cdots+{}_n\mathrm{C}_nx^n \quad \cdots(*)$

(1) $(*)$ に $x=1$ を代入して,

$2^n=1+{}_n\mathrm{C}_1+{}_n\mathrm{C}_2+\cdots+{}_n\mathrm{C}_n$

$=\boldsymbol{{}_n\mathrm{C}_0+{}_n\mathrm{C}_1+{}_n\mathrm{C}_2+\cdots+{}_n\mathrm{C}_n}$ 答

(2) $(*)$ に $x=-1$ を代入して,

$0=1-{}_n\mathrm{C}_1+{}_n\mathrm{C}_2-\cdots+(-1)^n{}_n\mathrm{C}_n$

$=\boldsymbol{{}_n\mathrm{C}_0-{}_n\mathrm{C}_1+{}_n\mathrm{C}_2-\cdots+(-1)^n{}_n\mathrm{C}_n}$ 答

(3) $(*)$ を x で微分して

$n(1+x)^{n-1}={}_n\mathrm{C}_1+2{}_n\mathrm{C}_2x+3{}_n\mathrm{C}_3x^2+\cdots+n{}_n\mathrm{C}_nx^{n-1}$

この式に $x=1$ を代入して,

$n2^{n-1}=\boldsymbol{{}_n\mathrm{C}_1+2{}_n\mathrm{C}_2+3{}_n\mathrm{C}_3+\cdots+n{}_n\mathrm{C}_n}$ 答

Point

▶ $\boldsymbol{(1+x)^n=1+{}_n\mathrm{C}_1x+{}_n\mathrm{C}_2x^2+\cdots+{}_n\mathrm{C}_nx^n}$

$\boldsymbol{=\sum_{k=0}^{n}{}_n\mathrm{C}_kx^k}$

これは二項展開であり，大学ではマクローリン展開とも言います。やや難易度は高いですが，医学部受験では必須の式です。

第8章 図形と式

8-1 3点円①

3点A(3, 3), B(−4, 4), C(−1, 5)から等距離にある点P(x, y)を求めよ。

解答目安時間 3分　難易度

解答

3点A, B, Cから等距離にある点Pは，3点A, B, Cを通る円の中心である。この円を

$$x^2+y^2+px+qy+r=0 \quad \cdots①$$

とおくと，

A(3, 3)を通るので，　$9+9+3p+3q+r=0$　$\cdots$②

B(−4, 4)を通るので，$16+16-4p+4q+r=0$　$\cdots$③

C(−1, 5)を通るので，$1+25-p+5q+r=0$　$\cdots$④

②，③，④を解いて，$p=2$, $q=0$, $r=-24$

このとき①は，

$$x^2+y^2+2x-24=0 \iff (x+1)^2+y^2=25$$

よって，円の中心P(**−1**, **0**) 答

Point

- 同一直線上にない**3**点を通る円は**1**つに決まる。これを**3**点円という。
- **3**点円を求めるときは円の式を

$$\boldsymbol{x^2+y^2+px+qy+r=0} \text{（円の一般形）}$$

と表す。

8 -2　3点円②

同一円周上に4点，$(-1,\ -5)$，$(-4,\ -8)$，$(-2,\ \sqrt{m}-5)$，$(-3,\ 2\sqrt{2}-5)$ が存在するとき，m の値を求めよ。

解答目安時間　5分　　難易度

解答

まず3点 $(-1,\ -5)$，$(-4,\ -8)$，$(-3,\ 2\sqrt{2}-5)$ を通る円の式を $x^2+y^2+px+qy+r=0$ とおくと，

$(-1,\ -5)$ を通るので，$1+25-p-5q+r=0$　…①

$(-4,\ -8)$ を通るので，$16+64-4p-8q+r=0$　…②

$(-3,\ 2\sqrt{2}-5)$ を通るので，

$$9+(33-20\sqrt{2})-3p+(2\sqrt{2}-5)q+r=0 \quad \cdots ③$$

①−②：$-54+3p+3q=0 \iff p+q-18=0$　…④

②−③：$38+20\sqrt{2}-p+(-2\sqrt{2}-3)q=0$　…⑤

④＋⑤：$20+20\sqrt{2}+(-2\sqrt{2}-2)q=0$

$$q=\frac{20+20\sqrt{2}}{2\sqrt{2}+2}=\frac{20(\sqrt{2}+1)}{2(\sqrt{2}+1)}=10$$

④，①より，$p=8$，$r=32$

よって，円は

$$x^2+y^2+8x+10y+32=0 \iff (x+4)^2+(y+5)^2=9$$

この円上に $(-2,\ \sqrt{m}-5)$ があるので，

$(-2+4)^2+(\sqrt{m}-5+5)^2=9$ を解いて，$m=\mathbf{5}$ 答

別解

$A(-1,\ -5)$，$B(-4,\ -8)$，$C(-3,\ 2\sqrt{2}-5)$，$D(-2,\ \sqrt{m}-5)$ とし，

ここで △ABC の外心(外接円の中心)を求める。

AB の垂直 2 等分線は，

$$y=-\left(x+\frac{5}{2}\right)-\frac{13}{2}=-x-9 \quad \cdots①$$

AC の垂直 2 等分線は，

$$y=\frac{1}{\sqrt{2}}(x+2)+\sqrt{2}-5=\frac{1}{\sqrt{2}}x+2\sqrt{2}-5 \quad \cdots②$$

①と②の交点が円の中心だから，

$$-x-9=\frac{1}{\sqrt{2}}x+2\sqrt{2}-5$$

$$\frac{\sqrt{2}+1}{\sqrt{2}}x=-4-2\sqrt{2}$$

$$x=\frac{-4(\sqrt{2}+1)}{\sqrt{2}+1}=-4$$

①より，$y=-5$

よって，△ABC の外接円は，中心として $E(-4,\ -5)$，半径 $AE=3$ となり，

$$(x+4)^2+(y+5)^2=3^2$$

と表すことができる。D もこの円周上にあるので，

$$(-2+4)^2+\left(\sqrt{m}-5+5\right)^2=9 \iff m=\mathbf{5}$$ 答

Point

▶ **既知の 3 点と，円の一般形の公式から 3 点円の式を求め，未知の文字を含む点を代入するだけです。シンプルに考える。**

8-3 直線の交わり

3 直線 $2x-y+4=0$，$5x-4y-k=0$，$x+ky+22=0$ が同一の点で交わるとき，k $(k>0)$ の値を求めよ。

解答目安時間 4分　難易度 ◗◗◗◗◗

解答

$$\begin{cases} 2x-y+4=0 & \cdots① \\ 5x-4y-k=0 & \cdots② \\ x+ky+22=0 & \cdots③ \end{cases}$$

①，②を連立して，

$$\begin{cases} 2x-y=-4 \\ 5x-4y=k \end{cases}$$ から，

$$(x,\ y)=\left(\frac{-k-16}{3},\ \frac{-2k-20}{3}\right)$$

この点を③が通るので，

$$\left(\frac{-k-16}{3}\right)+k\left(\frac{-2k-20}{3}\right)+22=0$$

$$\Leftrightarrow\ -k-16-2k^2-20k+66=0$$

$$\Leftrightarrow\ 2k^2+21k-50=0$$

$$\Leftrightarrow\ (k-2)(2k+25)=0$$

$k>0$ なので，$k=\mathbf{2}$ 答

Point

▶ **2** 直線の交点を求め，それをもう **1** つの直線に代入して満たすとき，**3** 直線は **1** 点で交わる。

8 -4 両軸に接する円

点$(2,\ 1)$を通り，x軸とy軸の両方に接する円は2つ存在する。それぞれの半径をa，b $(a>b)$としたとき，a，bの値を求めよ。

解答目安時間 3分　難易度

解答

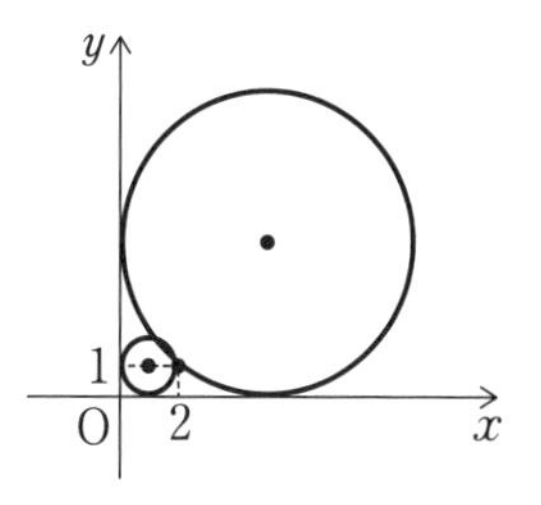

$(2,\ 1)$が第1象限なので，両軸に接する円の半径をrとすると中心は$(r,\ r)$となり，この円は

$$(x-r)^2+(y-r)^2=r^2$$

と表すことができる。

これが$(2,\ 1)$を通るので，

$$(2-r)^2+(1-r)^2=r^2$$

$$\Leftrightarrow \quad r^2-6r+5=0$$

$$\Leftrightarrow \quad (r-1)(r-5)=0$$

よって，$r=1,\ 5$より

$a=\mathbf{5}$，$b=\mathbf{1}$ 答

Point

▶ 両軸に接する円の半径を$\boldsymbol{r}$とすると，中心は$(\pm\boldsymbol{r},\ \pm\boldsymbol{r})$（複号任意）が考えられる。

8 -5 円と直線の距離

円 $x^2+y^2+2x-4y=0$ と直線 $2x-y+a=0$ は共有点をもつものとする。このとき，a のとりうる値の範囲を求めよ。

解答目安時間 2分　難易度 ◗◗◖◖◖

解答

$$x^2+y^2+2x-4y=0 \iff (x+1)^2+(y-2)^2=5$$

この円の中心は $(-1,\ 2)$，半径は $\sqrt{5}$ となるので，$(-1,\ 2)$ から直線 $2x-y+a=0$ への距離が半径 $\sqrt{5}$ 以下のとき，円と直線は共有点をもつ。

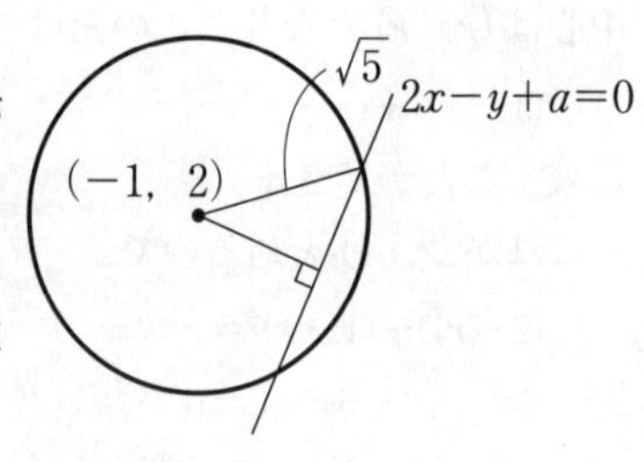

よって，点と直線の距離の公式から，

$$\frac{|2\cdot(-1)-2+a|}{\sqrt{2^2+(-1)^2}} \leqq \sqrt{5} \iff |a-4| \leqq 5$$

よって，$-5 \leqq a-4 \leqq 5$ から，$\boldsymbol{-1 \leqq a \leqq 9}$ 答

Point

▶ 点と直線の距離の公式

点 $(\alpha,\ \beta)$ から直線 $ax+by+c=0$ への距離 d は

$$d=\frac{|a\alpha+b\beta+c|}{\sqrt{a^2+b^2}}$$

▶ 円と直線の関係は“距離で解決”。

8-6 円が切り取る直線の長さ①

直線 $y=-x+1$ と円 $x^2+y^2-8x-2y+1=0$ とは，2つの相異なる点 A，B で交わる。弦 AB の長さを求めよ。

解答目安時間 2分　難易度

解答

$$x^2+y^2-8x-2y+1=0 \iff (x-4)^2+(y-1)^2=16$$

これは中心 C(4，1)，半径 4 の円。

$$y=-x+1 \iff x+y-1=0$$

ここで，(4，1) から $x+y-1=0$ への距離は，点と直線の距離の公式から

$$\frac{|4+1-1|}{\sqrt{1^2+1^2}}=\frac{4}{\sqrt{2}}=2\sqrt{2}$$

AB の中点 M として

CM$=2\sqrt{2}$ より，△AMC について，

$$AM=\sqrt{4^2-(2\sqrt{2})^2}=2\sqrt{2}$$

$$AB=2AM=\mathbf{4\sqrt{2}}$$ 答

Point

- 曲線上の**2**点を結ぶ線分のことを「弦」という。
- 円と直線の関係は"距離で解決"。つまり円の中心から直線までの距離を考える。

8 -7 円が切り取る直線の長さ②

直線 $y=mx$ と円 $x^2+y^2-x-3y-2=0$ がある。直線が円によって切り取られる部分の長さが4であるときの m $(\geqq 0)$ の値を求めよ。

解答目安時間 3分　難易度

解答

$$x^2+y^2-x-3y-2=0 \iff \left(x-\frac{1}{2}\right)^2+\left(y-\frac{3}{2}\right)^2=\frac{9}{2}$$

よって，これは中心 $\left(\frac{1}{2},\ \frac{3}{2}\right)$，半径 $\sqrt{\frac{9}{2}}=\frac{3}{\sqrt{2}}$ の円。

$$y=mx \iff mx-y=0$$

ここで，$\left(\frac{1}{2},\ \frac{3}{2}\right)$ から $mx-y=0$ への距離 d は，

$$d=\frac{\left|\frac{1}{2}m-\frac{3}{2}\right|}{\sqrt{m^2+(-1)^2}}=\sqrt{\left(\frac{3}{\sqrt{2}}\right)^2-2^2}$$

$$\iff \frac{1}{2}|m-3|=\sqrt{\frac{1}{2}}\sqrt{m^2+1}$$

両辺を2乗して，$\frac{1}{4}(m-3)^2=\frac{1}{2}(m^2+1)$

これを整理して，$m^2+6m-7=0$

$$\iff (m+7)(m-1)=0$$

$m\geqq 0$ より，$m=\mathbf{1}$　答

Point

- 円と直線の関係は“距離で解決”。
- 特に円の弦の長さは三平方の定理を使う。

8-8 領域の面積

次の領域の面積を求めよ。

$x^2+y^2 \leqq 4,\ x^2+(y+2)^2 \geqq 8$

解答目安時間 4分　難易度 

解答

$$\begin{cases} x^2+y^2=4 & \cdots ① \\ x^2+(y+2)^2=8 & \cdots ② \end{cases}$$

を連立して解くと，

$-4y=0 \iff y=0$

y
2
A
B
−2
O
2
x
C
−2

よって，①，②の交点は$(\pm 2,\ 0)$となり，ここで$\mathrm{A}(-2,\ 0)$，$\mathrm{B}(2,\ 0)$，$\mathrm{C}(0,\ -2)$とおくと，

$\triangle\mathrm{AOC}$，$\triangle\mathrm{BOC}$のいずれも$\angle\mathrm{O}=90^\circ$とする二等辺三角形なので，$\angle\mathrm{ACB}=90^\circ$

求める面積は斜線部分であるから

= A 2 O 2 B − (A B $2\sqrt{2}$ C $2\sqrt{2}$ − A B $2\sqrt{2}$ C $2\sqrt{2}$)

$$=\pi\cdot 2^2\cdot\frac{1}{2}-\pi\left(2\sqrt{2}\right)^2\cdot\frac{1}{4}+\frac{2\sqrt{2}\times 2\sqrt{2}}{2}$$

$$=2\pi-2\pi+4=\mathbf{4}$$ 答

Point

▶ **2円の位置関係を把握するには2交点と円の中心を結ぶ三角形で考える。**

8-9 2直線の直交関係

次の3本の直線で囲まれた三角形の外接円の半径を求めよ。

$x-3y=0$　$3x+y=0$　$4x+3y=15$

解答目安時間 5分　難易度

解答

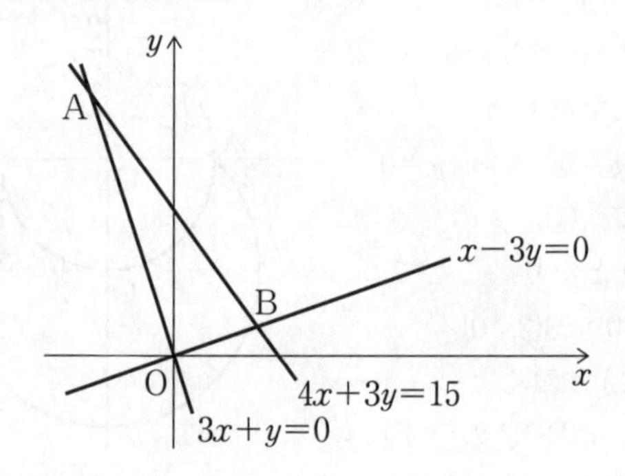

$$\begin{cases} x-3y=0 & \cdots① \\ 4x+3y=15 & \cdots② \\ 3x+y=0 & \cdots③ \end{cases}$$

②と③，①と②の交点をそれぞれA，Bとする。

②と③より，yを消去して

$4x-9x=15$

これを解いて，$x=-3$，$y=9$

ゆえに，A$(-3,\ 9)$

①と②より，yを消去して

$5x=15$

これを解いて，$x=3$，$y=1$

ゆえに，B(3，1)

傾きを考えて①⊥③であるから，$\angle AOB=90^\circ$

$\angle AOB=90^\circ$ より，$\triangle AOB$ の外接円は AB を直径とする円である。(円周角の定理)

よって半径は $\frac{1}{2}AB=\frac{1}{2}\sqrt{(-3-3)^2+(9-1)^2}$

$$=\frac{1}{2}\sqrt{36+64}=\mathbf{5}$$ 答

Point

▶ 2 直線 $\begin{cases} y=mx+n \\ y=sx+t \end{cases}$ が直交する。

$\Leftrightarrow$ 傾きの積 $ms=-1$

▶ 2 直線 $\begin{cases} ax+by+c=0 \\ px+qy+r=0 \end{cases}$ が直交する。

$\Leftrightarrow$ 2 直線の法線ベクトルの内積

$(a,\ b)\cdot(p,\ q)=0$

8 -10 軌跡

xy 平面内の点 $(3,\ 0)$ と点 $(9,\ 0)$ からの距離の比が $2:1$ の点 P の軌跡を求めよ。

解答目安時間 2分　難易度

解　答

A$(3,\ 0)$，B$(9,\ 0)$ とし，P$(x,\ y)$ とおくと，
$\mathrm{AP}:\mathrm{BP}=2:1$ であるから，$2\mathrm{BP}=\mathrm{AP}$

つまり，$4\mathrm{BP}^2=\mathrm{AP}^2$

$$\Leftrightarrow\quad 4\{(x-9)^2+y^2\}=(x-3)^2+y^2$$

$$\Leftrightarrow\quad 3x^2+3y^2-66x+315=0$$

$$\Leftrightarrow\quad x^2+y^2-22x+105=0$$

$$\Leftrightarrow\quad \boldsymbol{(x-11)^2+y^2=16}$$ 答

このとき，逆も成り立つ。

Point

- **2** 定点からの距離の比が一定である軌跡は，その点を $(\boldsymbol{x},\ \boldsymbol{y})$ とおく。
- 本問のように，平面上の **2** 定点 **A**，**B** に対して $\mathbf{AP}:\mathbf{BP}=\boldsymbol{m}:\boldsymbol{n}$（ただし，$\boldsymbol{m}\neq\boldsymbol{n}$）を満たす点 **P** の軌跡を「アポロニウスの円」という。

8-11 領域と直線

3つの実数 x, y, z が，条件 $x \geqq 0$, $y \geqq 0$, $z \geqq 0$, $x+y+z=1$ を満たしながら変化するとき，$x-2y+4z$ の最大値と最小値を求めよ。

解答目安時間 4分　難易度

解答

$$x+y+z=1 \iff z=1-x-y \geqq 0$$

これを $x-2y+4z$ に代入して，

$$x-2y+4(1-x-y)=-3x-6y+4=4-3(x+2y)$$

$x+2y=k$ とおくと，$y=-\dfrac{1}{2}x+\dfrac{k}{2}$

これは傾き $-\dfrac{1}{2}$，y 切片 $\dfrac{k}{2}$ の直線。

$x \geqq 0$, $y \geqq 0$, $x+y \leqq 1$ であるから，右図の領域と共有点をもつように $y=-\dfrac{1}{2}x+\dfrac{k}{2}$ を動かすとき，原点 (0, 0) を通るとき k は最小，点 (0, 1) を通るとき k は最大となる。

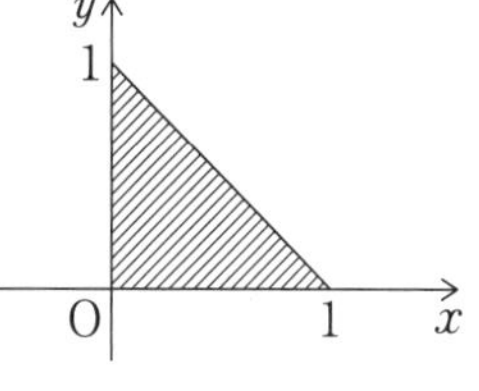

$0 \leqq x+2y \leqq 2$ より，

最大値 **4**　$(x, y, z)=(0, 0, 1)$

最小値 **−2**　$(x, y, z)=(0, 1, 0)$　答

Point

▶ **3変数 x, y, z を含む関数の最大値，最小値は1つの文字を固定して2変数関数の最大値，最小値を考える。**

8-12 2直線の交点

2つの実数 a, b が $a^2+b^2=4$ を満たしながら変化するとき，2つの直線 $ax+by=6$, $bx-ay=-8$ の交点は，ある円の円周上を動く。この円の方程式を求めよ。

解答目安時間 5分　難易度

解　答

$$\begin{cases} ax+by=6 & \cdots① \\ bx-ay=-8 & \cdots② \end{cases}$$ の交点は連立して

①$\times a$+②$\times b$：$(a^2+b^2)x=6a-8b$

$$x=\frac{6a-8b}{4}=\frac{3a-4b}{2} \quad \cdots③$$

①$\times b$−②$\times a$：$(b^2+a^2)y=6b+8a$

$$y=\frac{6b+8a}{4}=\frac{3b+4a}{2} \quad \cdots④$$

③は，$3a-4b=2x$　…⑤

④は，$4a+3b=2y$　…⑥

⑤，⑥を連立して，

⑤$\times 3$+⑥$\times 4$：　$25a=6x+8y$　…⑦

⑤$\times 4$−⑥$\times 3$：$-25b=8x-6y$　…⑧

⑦，⑧より，$(25a)^2+(-25b)^2=(6x+8y)^2+(8x-6y)^2$

$$\Leftrightarrow \quad 25^2(a^2+b^2)=100x^2+100y^2$$

$a^2+b^2=4$ から，$\boldsymbol{x^2+y^2=25}$　答

Point

▶ 交点 $(\boldsymbol{x}, \boldsymbol{y})$ の式を作るため，変数 $\boldsymbol{a}$, $\boldsymbol{b}$ を消去する。

8-13 2直線を表す2次式

$10x^2+kxy+2y^2-9x-4y+2=0$ が2直線を表すときの k の値を求めよ。ただし，k は整数とする。

解答目安時間 8分　難易度

解答

$$10x^2+kxy+2y^2-9x-4y+2=0$$

$$\Leftrightarrow \quad 10x^2+(ky-9)x+(2y^2-4y+2)=0$$

$$\Leftrightarrow \quad x=\frac{-(ky-9)\pm\sqrt{D}}{20}$$

$$\left(\text{ただし } D=(ky-9)^2-4\cdot10\cdot(2y^2-4y+2)\right)$$

これが2直線を表すとき，x は y の1次式であるから D が平方の形で表される

$$D=(ky-9)^2-4\cdot10\cdot(2y^2-4y+2)=0$$

$$\Leftrightarrow \quad (k^2-80)y^2-(18k-160)y+1=0 \quad \cdots①$$

これが平方の形になるのは，①の判別式が0（重解をもつ）。

$$\frac{①\text{の判別式}}{4}=(9k-80)^2-(k^2-80)\cdot1=0$$

$$\Leftrightarrow \quad 80(k^2-18k+81)=0$$

つまり，$(k-9)^2=0$ より，$k=\mathbf{9}$ 答

Point

▶ **$ax^2+bxy+cy^2+dx+ey+f=0$ が2直線を表すとは，x が y の1次式 or y が x の1次式を表すので，解の公式の $\sqrt{\ }$ 部分の中が平方の形になる。**

8 -14　領域と最大値・最小値①

実数 x, y は, $|x|+|3y|\leqq 3$ を満たすものとする。
$(x+1)^2+(y+2)^2$ の最大値と最小値を求めよ。

解答目安時間　8分　　難易度 

解　答

$|x|+|3y|\leqq 3$ …①

は, $x\to(-x)$ としても同値なので y 軸対称。また, $y\to(-y)$ としても同値なので x 軸対称。そこで $x\geqq 0$, $y\geqq 0$ の場合の領域を考えると

①は $x+3y\leqq 3$

両軸対称なので①は

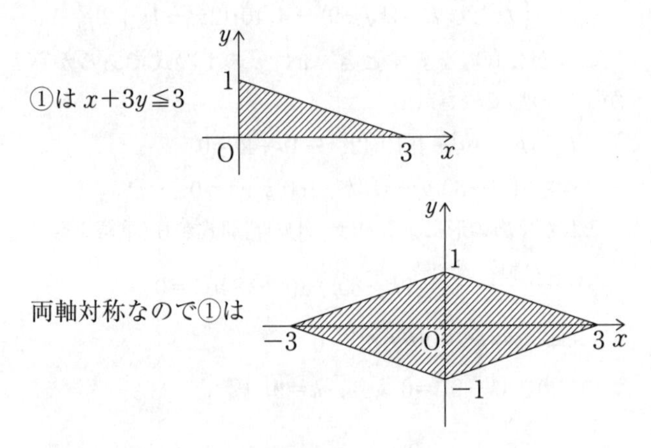

$(x+1)^2+(y+2)^2$ とは, $(-1,\ -2)$ と $(x,\ y)$ を結ぶ距離の2乗であるから, この距離が最大になるのは $(-1,\ -2)$ から最も遠い $(3,\ 0)$ のとき

最大値 $=(x+1)^2+(y+2)^2=\mathbf{20}$ 答

最小になるのは $(-1,\ -2)$ から

$$y=-\frac{1}{3}x-1 \iff x+3y+3=0$$

への垂線の長さ d を求めて

$$d=\frac{|-1+3\cdot(-2)+3|}{\sqrt{1^2+3^2}}=\frac{4}{\sqrt{10}}$$

よって，最小値は $\left(\frac{4}{\sqrt{10}}\right)^2=\mathbf{\frac{8}{5}}$ 答

《注》 最小となるのは

$$x=-\frac{3}{5},\ y=-\frac{4}{5}$$

のときである。

Point

▶ $(\boldsymbol{x}-\boldsymbol{a})^2+(\boldsymbol{y}-\boldsymbol{b})^2$ は点 $(\boldsymbol{a},\ \boldsymbol{b})$ と $(\boldsymbol{x},\ \boldsymbol{y})$ との距離の **2** 乗を表す。

8 -15 領域と最大値・最小値②

実数 x, y が $|2x-8|+|y-2|\leqq 1$ を満たすとき，$x+y$ の最大値を求めよ。

解答目安時間 8分　難易度

解答

$$\begin{cases} 2x-8=X \\ y-2=Y \end{cases}$$ とおくと，

$$|2x-8|+|y-2|\leqq 1 \iff |X|+|Y|\leqq 1 \quad \cdots①$$

このとき，$x+y=\dfrac{X+8}{2}+Y+2=\dfrac{1}{2}X+Y+6=k$ とおくと，

$$Y=-\frac{1}{2}X-6+k \quad \cdots②$$

これは傾き $-\dfrac{1}{2}$，Y 切片 $-6+k$ の直線。

この k が最大となるのは，①の領域において②が共有点をもち，Y 切片 $-6+k$ が最大のとき。

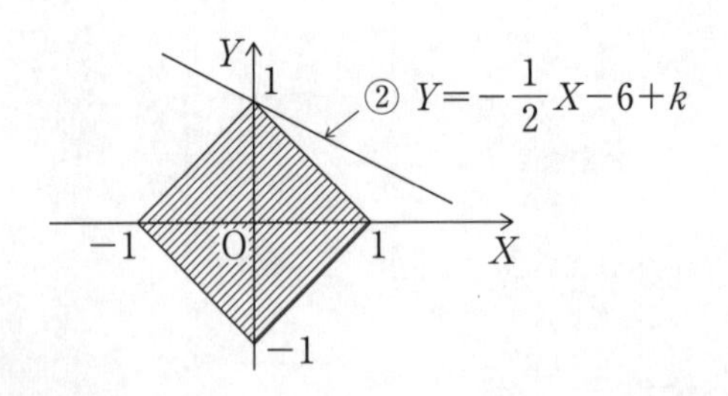

上図より，$(X,\ Y)=(0,\ 1)$ のとき，

最大値 $k=\dfrac{1}{2}X+Y+6=\mathbf{7}$ 答

別解

与式の $2|x-4|+|y-2|\leqq 1$ の中心を原点に移動した $2|x|+|y|\leqq 1$ が表す領域は図1。

図1

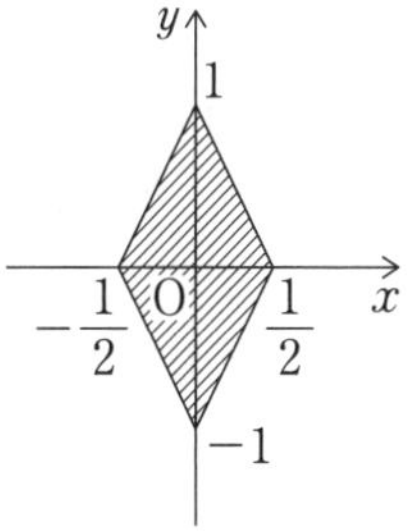

これを x 軸方向に4，y 軸方向に2だけ平行移動した

$$2|x-4|+|y-2|\leqq 1$$

が表す領域は図2のようになる。

$x+y=k$ とおくと，これは

$y=-x+k$ より傾き -1，y 切片 k の直線であるから点 $(4,\ 3)$ を通るとき k は最大で最大値は **7** 答

図2

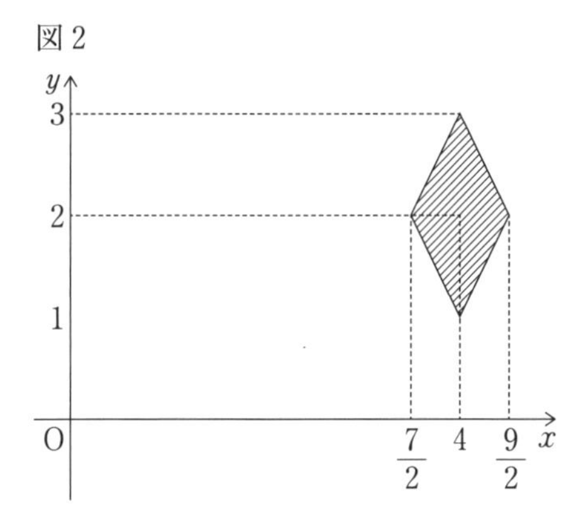

Point

- 領域と数式の最大値・最小値問題では，求める値を $\boldsymbol{k}$ とおいてグラフで視覚的に考えることが重要。
- 本問は $|\boldsymbol{2x-8}|+|\boldsymbol{y-2}|\leqq \boldsymbol{1}$ を見やすくするために $\boldsymbol{2x-8=X}$，$\boldsymbol{y-2=Y}$ とおく。

第 9 章 図形の性質

9-1 角の2等分線の定理

△ABCにおいて，AB：AC＝2：1，BC＝6のとき，∠Aの2等分線が辺BCと交わる点をDとすれば，BDの値を求めよ。次に，Dを通りAB，ACに平行な直線がそれぞれAC，ABと交わる点をE，Fとし直線EFが辺BCの延長と交わる点をGとするとき，CGの値を求めよ。

解答目安時間 3分　難易度

解答

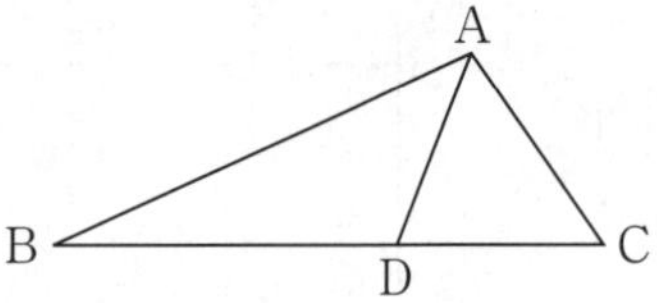

角の2等分線の定理より，

$$BD : DC = AB : AC$$
$$= 2 : 1$$

であるから，

$$BD = \frac{2}{2+1}BC$$
$$= \frac{2}{3}\cdot 6 = \mathbf{4}$$ 答

次に，AC∥FDより，△BFD∽△BACから，

$$FD = \frac{BD}{BC}\cdot AC = \frac{2}{3}AC$$

CG＝xとすると，FD∥CEより，△GCE∽△GDFから，

$\frac{GC}{GD} = \frac{CE}{FD}$ なので

$$\frac{x}{2+x} = \frac{3}{2AC}\cdot\frac{AC}{3} = \frac{1}{2}$$

これを解いて,

$x=2$

よって, CG=**2** 答

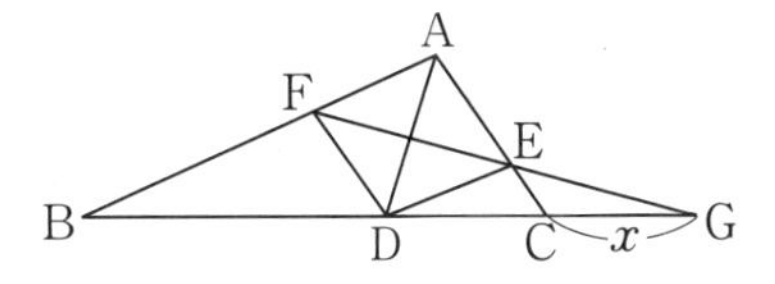

《注》 四角形AEDFは平行四辺形だから

$AE=DF=\frac{2}{3}AC$

よって, $CE=\frac{1}{3}AC$である。

Point

▶ 角の2等分線の定理

∠Aの2等分線とBCとの交点をDとすると,

AB : AC=BD : DC

∠Aの外角の2等分線と直線BCとの交点をEとすると,

AB : AC=EB : EC

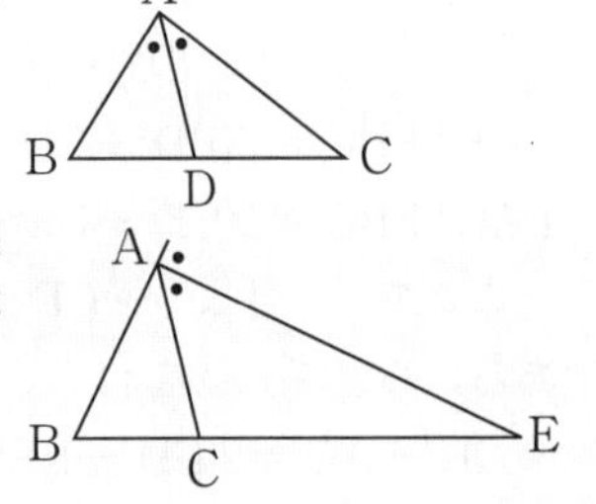

9 -2 中線定理

(1) △ABCにおいて，3辺AB，BC，CAの長さが，それぞれ2，3，4であるとき，中線AMの長さを求めよ。

(2) 2つの中線の等しい三角形は二等辺三角形であることを示せ。

解答目安時間 3分　難易度

解 答

(1) △ABCに中線定理を用いて，

$$AB^2+AC^2=2(AM^2+BM^2)$$

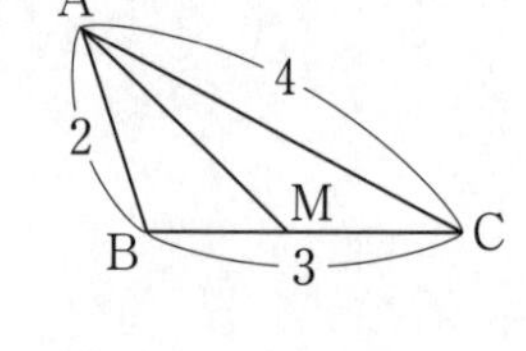

$BM=\frac{3}{2}$ であるから，

$$4+16=2AM^2+2\cdot\frac{9}{4}$$

これを解いて，$2AM^2=\frac{31}{2}$

よって，$AM=\boldsymbol{\frac{\sqrt{31}}{2}}$ 答

(2) △ABCにおいて，ACの中点をD，ABの中点をEとする。

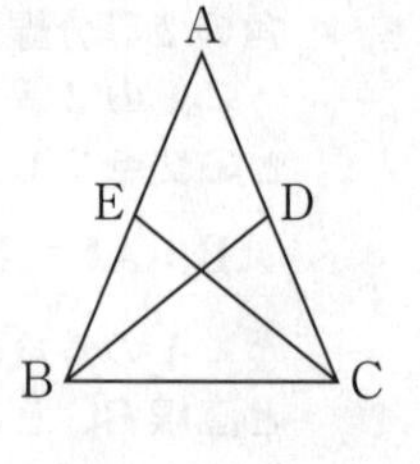

△ABCに中線定理を用いて，

$$\begin{cases} AB^2+BC^2=2(BD^2+CD^2) & \cdots① \\ AC^2+BC^2=2(CE^2+BE^2) & \cdots② \end{cases}$$

ここで，条件より，CE＝BDであるから，①－②をつくると

$$AB^2-AC^2=2(CD^2-BE^2)$$

$$=2\left\{\left(\frac{AC}{2}\right)^2-\left(\frac{AB}{2}\right)^2\right\}=\frac{1}{2}(AC^2-AB^2)$$

これを解いて，$AB^2=AC^2$

よって，AB＝AC となり，△ABC は**二等辺三角形**である。 答

Point

▶ 中線定理

△ABC の辺 **BC** の中点を **M** とすると

$$\boldsymbol{AB^2+AC^2=2(AM^2+BM^2)}$$

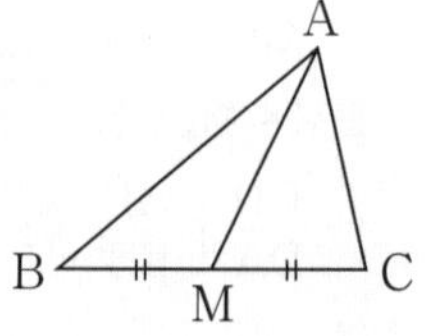

9-3 チェバの定理

(1) △ABCにおいて，辺BCの中点をD，辺CAの中点をEとし，ADとBEの交点をGとする。直線CGは辺ABの中点を通ることを示せ。

(2) △ABCにおいて中線AM上の任意の点をPとする。BPの延長とCAとの交点をD，CPの延長とABとの交点をEとすれば，DE∥BCであることを証明せよ。

解答目安時間 3分　難易度

解答

(1) 2点C，Gを通る直線と辺ABの交点をFとする。

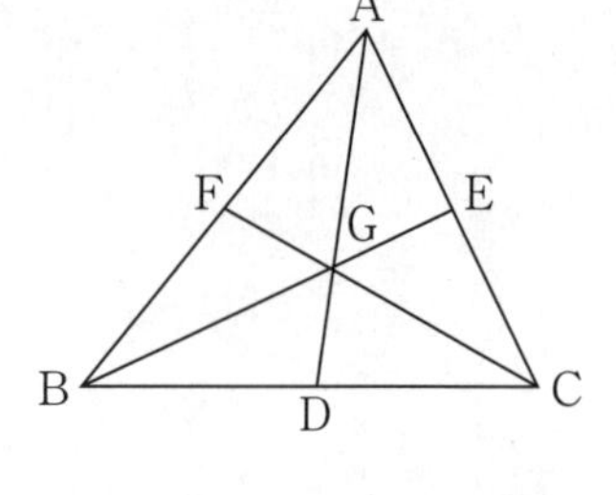

チェバの定理により，

$$\frac{BD}{DC}\cdot\frac{CE}{EA}\cdot\frac{AF}{FB}=1$$

D, Eはそれぞれ，辺BC，辺CAの中点であるから，

$$\frac{AF}{FB}=1$$

よって，AF=FBとなり，**Fは辺ABの中点である。** 答

(2) チェバの定理により，

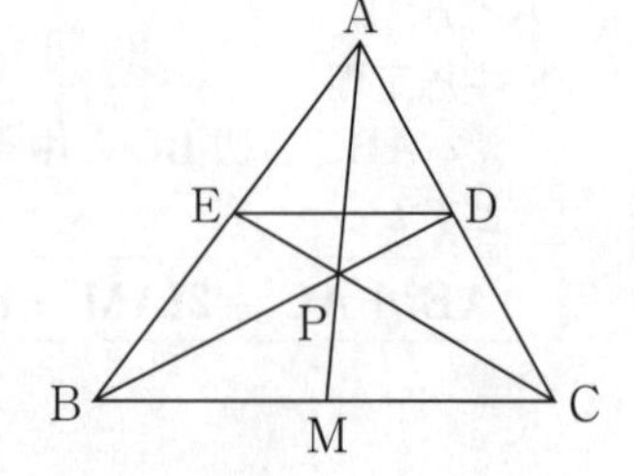

$$\frac{BM}{MC}\cdot\frac{CD}{DA}\cdot\frac{AE}{EB}=1$$

BM=MCであるから，

$$\frac{CD}{DA}\cdot\frac{AE}{EB}=1$$

$\frac{AE}{EB}=\frac{AD}{DC}$ となり，

DE∥BC 答

《注》 (1)の G は △ABC の重心です。

Point

▶ チェバの定理

△**ABC** の頂点 **A**，**B**，**C** と，三角形の内部の点 **P** を結ぶ直線 **AP**，**BP**，**CP** が，辺 **BC**，**CA**，**AB** と，それぞれ点 **D**，**E**，**F** で交わるとき

$$\boxed{\frac{BD}{DC}\cdot\frac{CE}{EA}\cdot\frac{AF}{FB}=1}$$

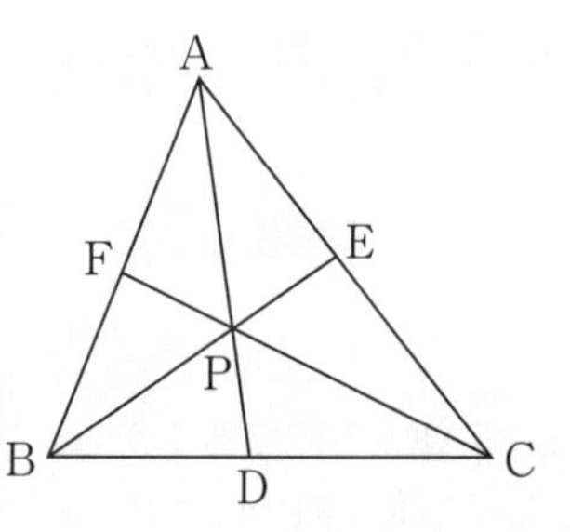

9 -4 メネラウスの定理

(1) △ABDの辺BDを3：2に内分する点をC，辺ABを2:5に内分する点をFとし，AC, DFの交点をEとする。

AE：ECを求めよ。

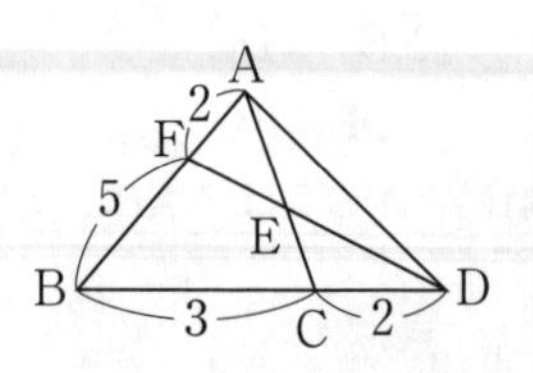

(2) △ABCにおいて，辺AB上に点Rを，辺BCの延長線上に点Pを，3AR=BR, BC=CPであるようにとる。PRとACの交点をQとするとき，AQ：QC, PQ：QRを求めよ。

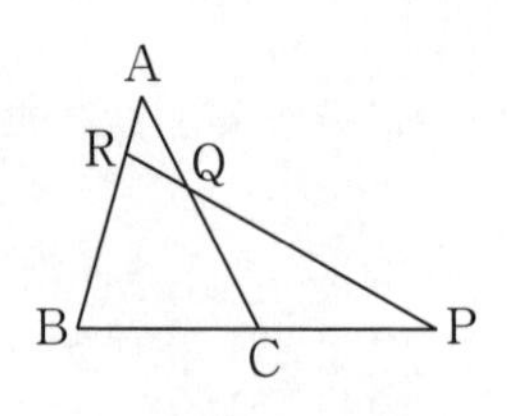

解答目安時間 3分　　難易度

解答

(1) メネラウスの定理により，

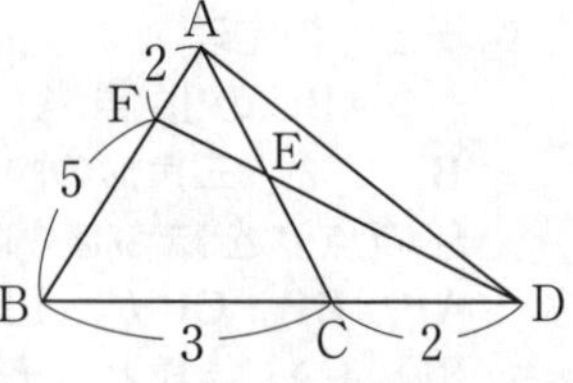

$$\frac{AF}{FB}\cdot\frac{BD}{DC}\cdot\frac{CE}{EA}=1$$

$$\frac{2}{5}\cdot\frac{5}{2}\cdot\frac{CE}{EA}=1$$

よって，$\frac{CE}{AE}=1$ より，AE：EC=**1：1** 答

(2) 3AR=BR であるから，

AR：RB=1：3

メネラウスの定理により，

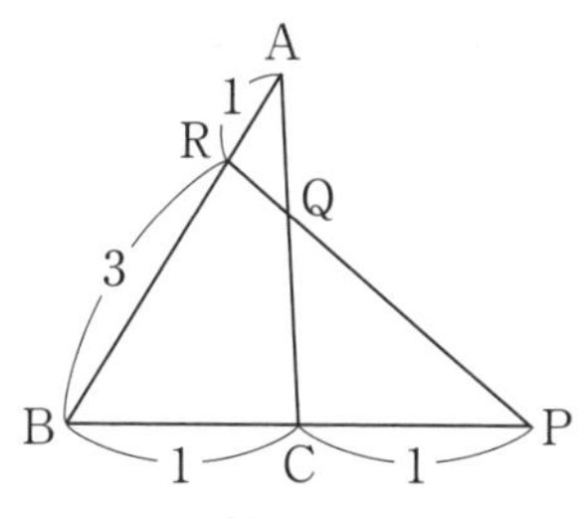

$$\frac{AR}{RB}\cdot\frac{BP}{PC}\cdot\frac{CQ}{QA}=1$$

$$\frac{1}{3}\cdot\frac{2}{1}\cdot\frac{CQ}{QA}=1$$

よって，$\frac{QC}{AQ}=\frac{3}{2}$ より，

AQ：QC＝**2：3** 答

次に，右図のように書き直してメネラウスの定理を用いると，

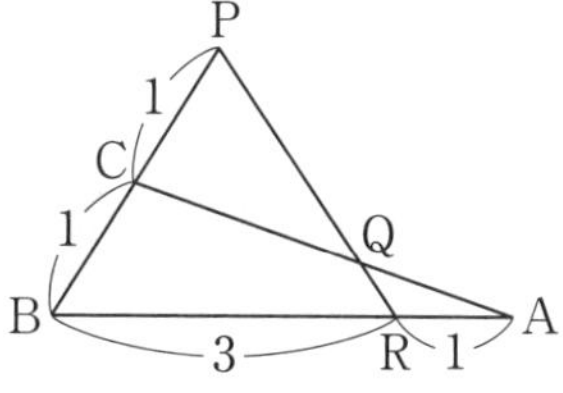

$$\frac{PC}{CB}\cdot\frac{BA}{AR}\cdot\frac{RQ}{QP}=1$$

$$\frac{1}{1}\cdot\frac{4}{1}\cdot\frac{RQ}{QP}=1$$

よって，$\frac{QR}{PQ}=\frac{1}{4}$ より，

PQ：QR＝**4：1** 答

Point

▶ メネラウスの定理

△ABC の辺 **BC，CA，AB** またはその延長が，三角形の頂点を通らない **1** つの直線 $\boldsymbol{\ell}$ と，それぞれ点 **D，E，F** で交わるとき

$$\frac{AF}{FB}\cdot\frac{BD}{DC}\cdot\frac{CE}{EA}=1$$

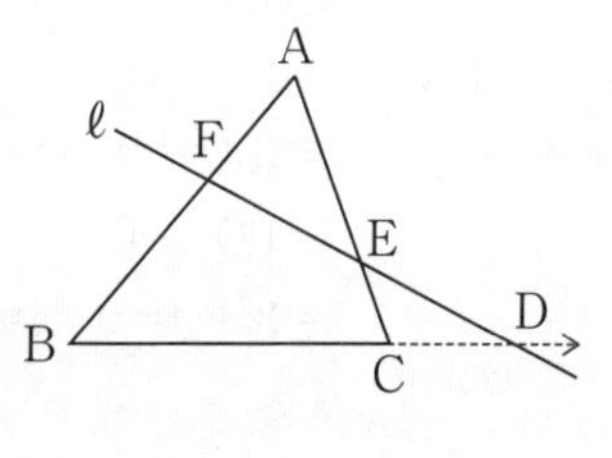

9 -5 方べきの定理

(1) 円の2つの弦AB，CDが点Pで交わっていて，AP＝BP＝4，CP＝8であるという，CDの長さを求めよ。

(2) 円外の1点Pから直線をひき，円と交わる点をA，Bとする。OP＝3のとき，PA·PBを求めよ。ただし，円の中心をO，半径を2とする。

解答目安時間 2分　　難易度

解答

(1) 方べきの定理より，

$$PA \cdot PB = PC \cdot PD$$

$$4 \cdot 4 = 8 \cdot PD$$

これを計算して，PD＝2

よって，$CD = CP + PD = 8 + 2$

$= \mathbf{10}$ 答

(2) 図のようにC，Dをとると，CDは円の直径となる。

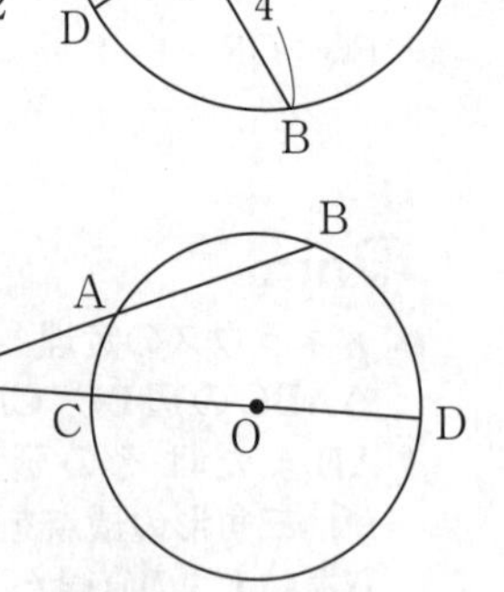

方べきの定理より

$$PA \cdot PB = PC \cdot PD$$

$$= (PO - 2)(PO + 2)$$

$$= PO^2 - 4$$

$$= 3^2 - 4 = 9 - 4 = \mathbf{5}$$ 答

《注》 右図のようにCが接点のとき（直線PCが円と接する），方べきの定理は△PCA∽△PBCであるから，

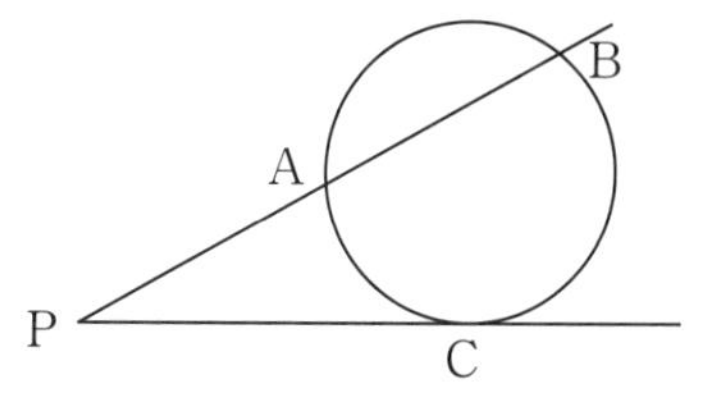

$$PA \cdot PB = PC^2$$

となる。これは接弦定理による。

● 接弦定理 ●

$\angle$**PAC**＝$\angle$**ABC**

つまり，接線と弦**AC**のつくる角$\angle$**PAC**は弦**AC**に対する円周角$\angle$**ABC**と等しい。

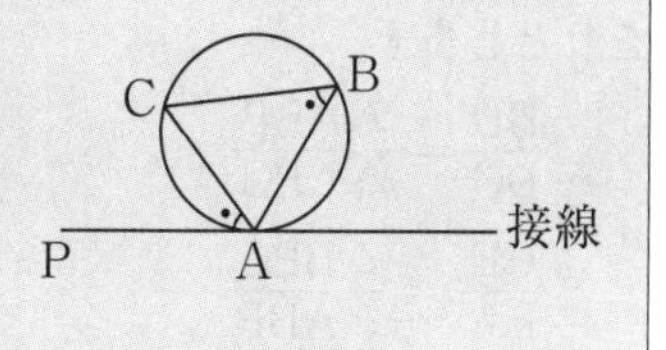

Point

▶ 方べきの定理

円の**2**つの弦**AB**，**CD**の交点，またはそれらの延長の交点を**P**とすると，**PA·PB**＝**PC·PD**が成り立つ。

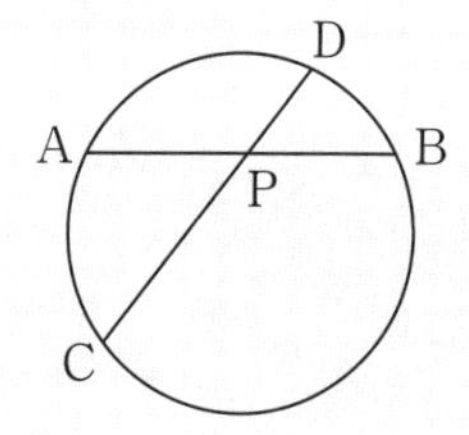

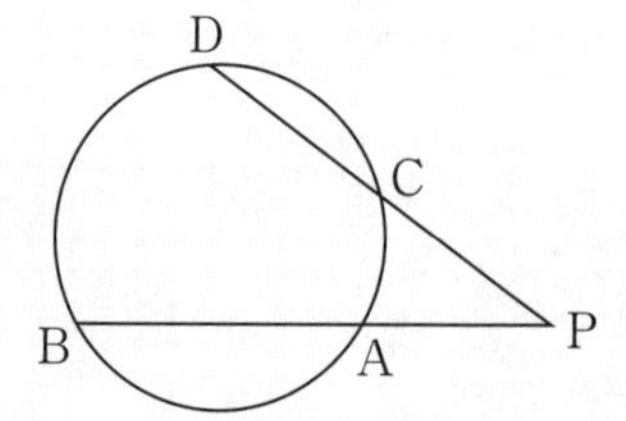

図形の性質でよく使われる，メネラウスの定理，チェバの定理，方べきの定理については，その証明についてもしっかり理解しておくと様々な問題に応用が利くので，ここにその証明の一例をのせておく。

●チェバの定理の証明

図のような △ABC において3直線 AD, BE, CF の交点をPとします。

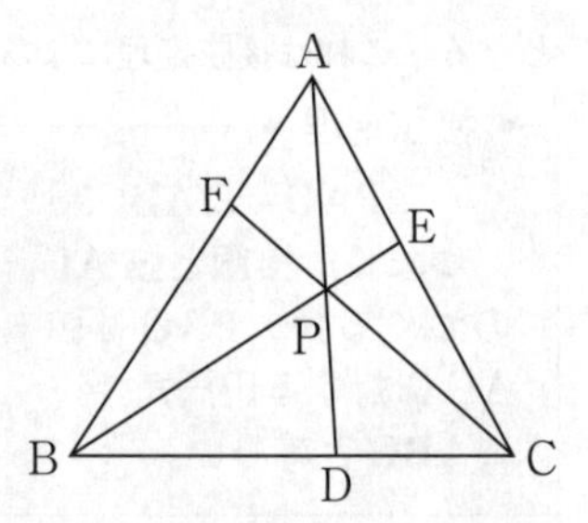

$$\frac{BD}{DC}=\frac{\triangle ABP}{\triangle APC}$$

$$\frac{CE}{EA}=\frac{\triangle BPC}{\triangle ABP}$$

$$\frac{AF}{FB}=\frac{\triangle APC}{\triangle BPC}$$

よって，$\frac{BD}{DC}\cdot\frac{CE}{EA}\cdot\frac{AF}{FB}=1$

●メネラウスの定理の証明

右下の図のようにGC∥FEとなるGをAB上にとる。

△BDF∽△BCGより，$\dfrac{BD}{DC}=\dfrac{BF}{FG}$

△AGC∽△AFEより，$\dfrac{CE}{EA}=\dfrac{GF}{FA}$

よって，

$\dfrac{AF}{FB}\times\dfrac{BD}{DC}\times\dfrac{CE}{EA}$

$=\dfrac{AF}{FB}\times\dfrac{BF}{FG}\times\dfrac{GF}{FA}=1$

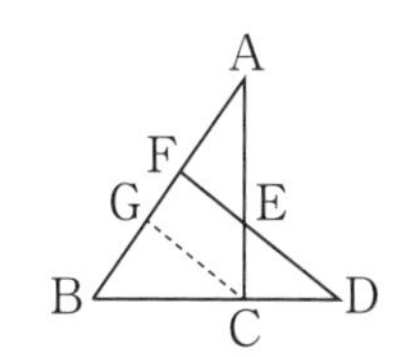

●方べきの定理の証明

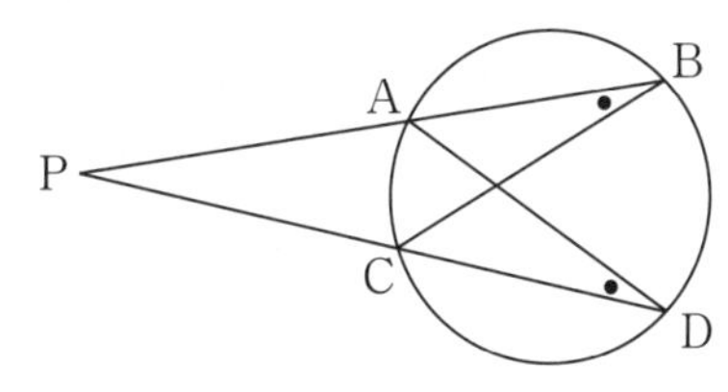

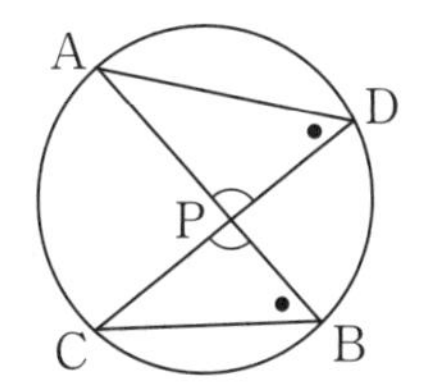

上図のような△PAD，△PCBにおいて，

$\angle ADP=\angle CBP$

$\angle APD=\angle CPB$

よって，△PAD∽△PCD

したがって，$\dfrac{PA}{PC}=\dfrac{PD}{PB}$となり，PA·PB＝PC·PD

9 -6 三角形の面積

△ABCの辺ABを1:2に内分する点をM，辺BCを3:2に内分する点をNとする。線分ANとCMの交点をOとし，直線BOと辺ACの交点をPとする。△AOPの面積が1のとき，△ABCの面積Sを求めよ。

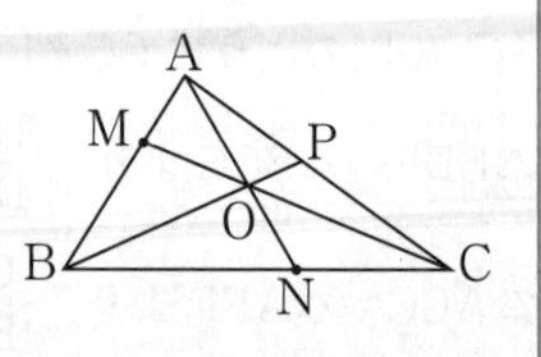

解答目安時間 5分　難易度

解　答

△ABNと直線CMにメネラウスの定理を用いて，

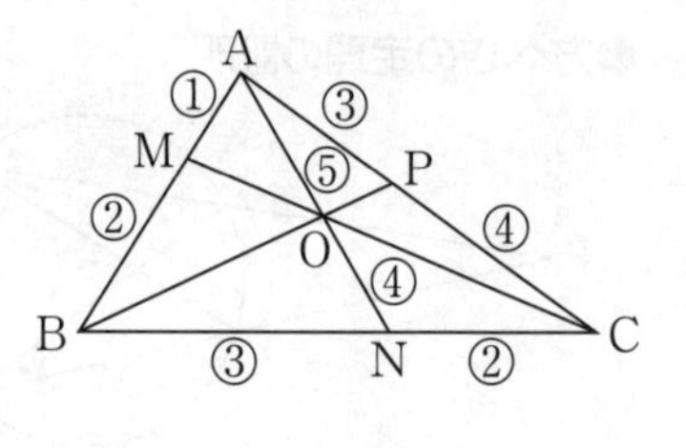

$$\frac{AM}{MB}\cdot\frac{BC}{CN}\cdot\frac{NO}{OA}=1$$

$$\frac{1}{2}\cdot\frac{5}{2}\cdot\frac{ON}{AO}=1$$

これを解いて，$\frac{ON}{AO}=\frac{4}{5}$ より，AO : ON=5 : 4

△ABCにチェバの定理を用いて

$$\frac{AM}{MB}\cdot\frac{BN}{NC}\cdot\frac{CP}{PA}=1$$

$\frac{1}{2}\cdot\frac{3}{2}\cdot\frac{PC}{AP}=1$　　よって，$\frac{PC}{AP}=\frac{4}{3}$

ゆえに，AP : PC=3 : 4

△ABCの面積をSとすると

$\triangle \mathrm{ANC}=\dfrac{2}{5}S$　←BC を底辺とみる

$\triangle \mathrm{AOC}=\dfrac{5}{9}\triangle \mathrm{ANC}=\dfrac{2}{9}S$　←AN を底辺とみる

$\triangle \mathrm{AOP}=\dfrac{3}{7}\triangle \mathrm{AOC}=\dfrac{2}{21}S$　←AC を底辺とみる

$\triangle \mathrm{AOP}=1$ であるから

$S=\mathbf{\dfrac{21}{2}}$ 答

Point

▶ 同じ高さを共有する三角形の面積はその底辺の長さに比例する。

9 −7 三角形の内心

AB＝AC＝3，BC＝4である△ABCの内心をIとするとき，線分AIの長さを求めよ。

解答目安時間 5分　難易度

解答

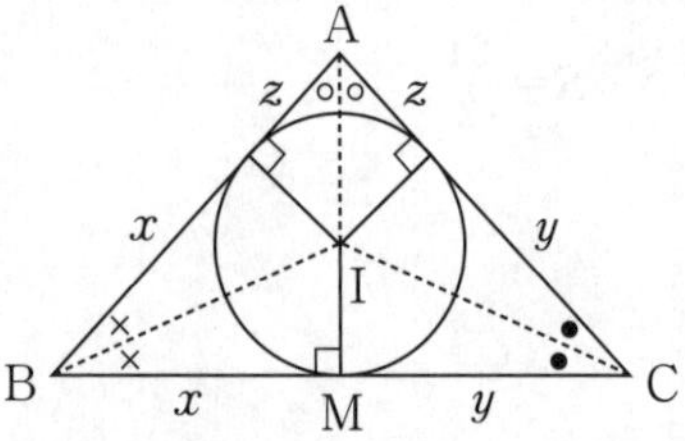

図のようにx，y，zを定めて

$x+y=4$

$y+z=3$

$x+z=3$

これを解いて，

$x=y=2$，$z=1$

AB＝ACより，A，I，Mは1直線上にあり

$\mathrm{AM}=\sqrt{3^2-2^2}=\sqrt{5}$

内接円の半径をrとすると，△ABCの面積を2通りに表して

$$\frac{1}{2}\cdot 4\cdot\sqrt{5}=\frac{1}{2}r(4+3+3)$$

$$r=\frac{2}{5}\sqrt{5}$$

したがって

$$\mathrm{AI}=\mathrm{AM}-r=\sqrt{5}-\frac{2}{5}\sqrt{5}$$

$$=\boldsymbol{\frac{3}{5}\sqrt{5}}$$ 答

別解

右図より，$\sin\theta=\dfrac{\mathrm{BM}}{\mathrm{AB}}=\dfrac{2}{3}$

ゆえに $\cos\theta=\sqrt{1-\sin^2\theta}=\dfrac{\sqrt{5}}{3}$

$\cos\theta=\dfrac{1}{\mathrm{AI}}$

ゆえに　$\mathrm{AI}=\dfrac{1}{\cos\theta}=\dfrac{3}{\sqrt{5}}\left(=\dfrac{3}{5}\sqrt{5}\right)$

Point

▶ 三角形の内心と内接円

　△**ABC** の **3** つの内角の **2** 等分線は **1** 点で交わり，その点から **3** 辺までの距離は等しい。この交わった点を内心といい，内心を中心として △**ABC** の **3** 辺に接する円が存在し，これを △**ABC** の内接円という。

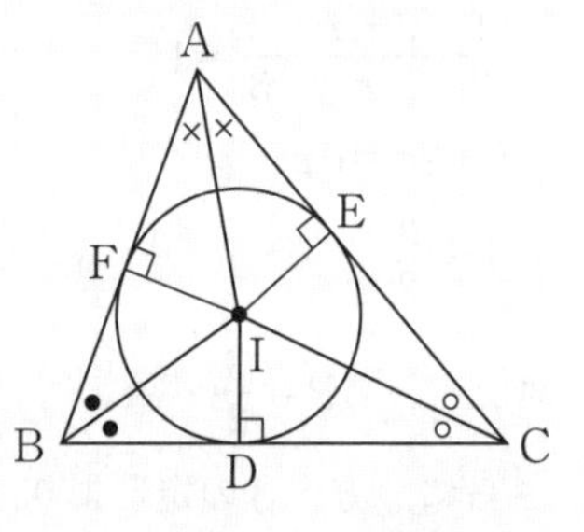

9-8 外接円①

△ABCにおいて，辺CAを3:2に内分する点をD，辺BCを2:1に内分する点をEとする。直線ABと直線DEの交点をPとし，△ABCの外接円と直線DEの交点をPに近い方から順にQ，Rとする。AB=3のとき，APを求めよ。さらに，$PR=\dfrac{27}{5}$のとき，QRを求めよ。

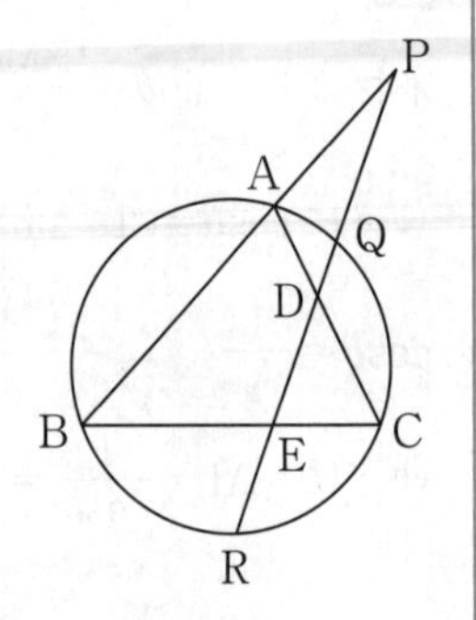

解答目安時間 5分　難易度

解答

△ABCと直線PEにメネラウスの定理を用いて

$$\frac{CE}{EB}\cdot\frac{BP}{PA}\cdot\frac{AD}{DC}=1$$

PA=xとおくと

$$\frac{1}{2}\cdot\frac{3+x}{x}\cdot\frac{2}{3}=1$$

$$6+2x=6x$$

$$x=\frac{3}{2}$$

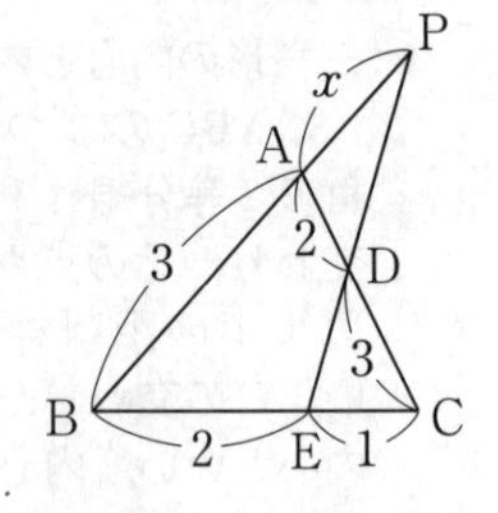

ゆえに，$AP=\boldsymbol{\dfrac{3}{2}}$ 答

さらに，方べきの定理より，

$$PA\cdot PB=PQ\cdot PR$$

$$\frac{3}{2}\cdot\left(\frac{3}{2}+3\right)=\mathrm{PQ}\cdot\frac{27}{5}$$

$$\mathrm{PQ}=\frac{5}{4}$$

よって，$\mathrm{QR}=\mathrm{PR}-\mathrm{PQ}$

$$=\frac{27}{5}-\frac{5}{4}=\mathbf{\frac{83}{20}}$$ 答

Point

▶ メネラウスの定理と方べきの定理を利用

9 -9 外接円②

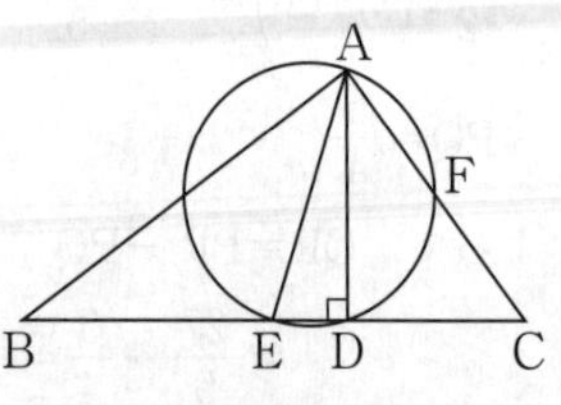

右図のように AB＝4, BC＝5, CA＝3 の△ABC において，頂点Aから辺 BC に垂線 AD を下ろし，辺 BC の中点を E, △ADE の外接円と辺 AC の交点のうちAと異なる方をFとするとき，ED および，AF を求めよ。

解答目安時間　5分　　難易度 

解　答

△ABC は直角三角形なので

∠BAC＝∠ADC＝90°

∠ACB＝∠DCA より

△ABC∽△DAC

よって，

CA : CB＝CD : CA

3 : 5＝CD : 3

$CD=\frac{9}{5}$

$EC=\frac{5}{2}$ であるから，

$ED=EC-CD=\frac{5}{2}-\frac{9}{5}=\mathbf{\frac{7}{10}}$ 答

次に，方べきの定理により，

CF·CA＝CD·CE

$CF\cdot 3=\frac{9}{5}\cdot\frac{5}{2}$

これを解いて，$CF=\frac{3}{2}$ より，

$AF=3-\frac{3}{2}=\mathbf{\frac{3}{2}}$ 答

別解 1

中線定理より，

$AB^2+AC^2=2(AE^2+CE^2)$

$16+9=2\left(AE^2+\frac{25}{4}\right)$

これを解いて，$AE^2=\frac{25}{4}$ より，$AE=\frac{5}{2}$

△AECはAE＝CEの２等辺三角形

また △AED の外接円は ∠ADE＝90° より，AE が直径であるから ∠AFE＝90°

すなわち F は AC の中点となり，ゆえに $AF=\frac{3}{2}$

別解 2 （三角比を用いる別解）

右図のように θ を定める

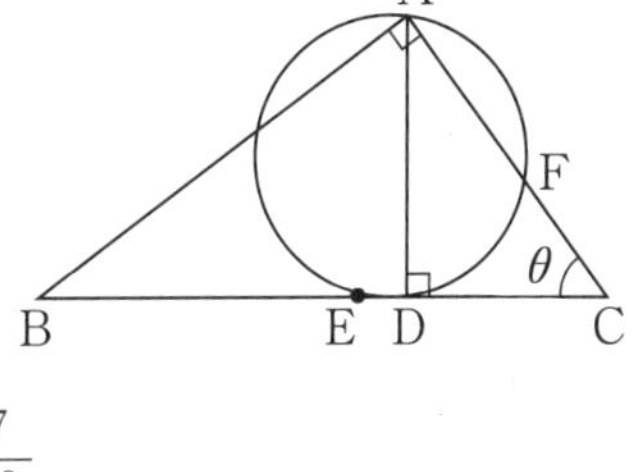

$\cos\theta=\frac{AC}{BC}=\frac{3}{5}$

$CD=AC\cdot\cos\theta=\frac{9}{5}$

よって，$ED=CE-CD$

$=\frac{5}{2}-\frac{9}{5}=\frac{7}{10}$

次に，∠ADE＝90° より，外接円の直径は AE

よって，∠AFE＝90°

△CEF において，$CF=CE\cos\theta=\frac{5}{2}\cdot\frac{3}{5}=\frac{3}{2}$

$$AF=CA-CF=\frac{3}{2}$$

《注》 EDを求めるところは三平方の定理を用いてもよい。

右図より，

$x^2+AD^2=16$ …①

$y^2+AD^2=9$ …②

①−②より，

$x^2-y^2=7$

$(x-y)(x+y)=7$

$x+y=5$より，$x-y=\frac{7}{5}$

これより$y=\frac{9}{5}$

よって，$ED=\frac{5}{2}-y=\frac{7}{10}$

▶ 三角形の外心と外接円

△ABC の辺の垂直 2 等分線は 1 点で交わり，その点から各頂点までの距離は等しい。この交わった点を外心といい，外心を中心として △ABC の各頂点に接する円が存在し，これを △ABC の外接円という。

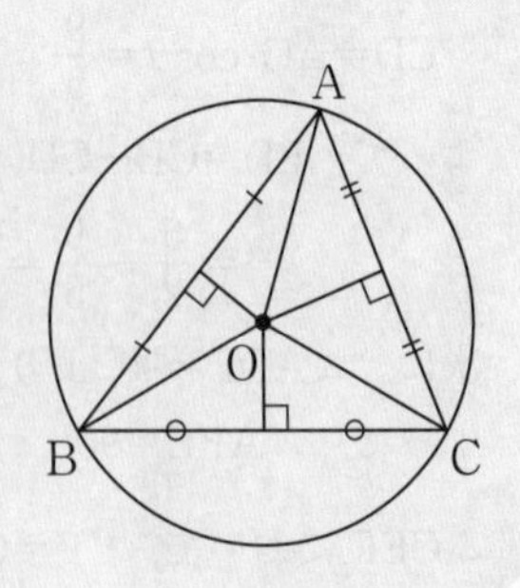

9 -10 正八面体

1辺の長さが1の正八面体の表面積，体積，内接球の半径を求めよ。

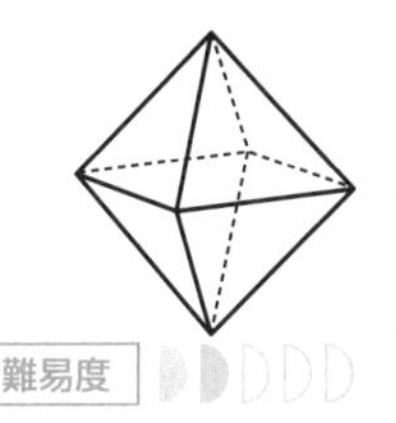

解答目安時間 5分　難易度

解 答

正8面体は8枚の正三角形で構成されているから，表面積は

$$\frac{1}{2}\cdot1^2\cdot\sin60°\times8=\mathbf{2\sqrt{3}}$$ 答

体積は，正方形部分を底面と考えると，

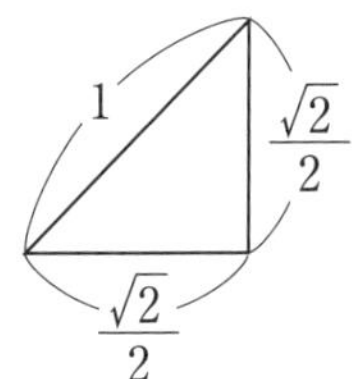

高さが $\frac{\sqrt{2}}{2}$ となることから

$$\frac{1}{3}\cdot1^2\cdot\frac{\sqrt{2}}{2}\times2=\mathbf{\frac{\sqrt{2}}{3}}$$ 答

内接球の半径を r とすると，体積を r を使って表すと

$$\frac{1}{3}\cdot\left(\frac{1}{2}\cdot1^2\cdot\sin60°\right)r\times8=\frac{\sqrt{2}}{3}$$

$$r=\frac{\sqrt{2}}{2\sqrt{3}}=\mathbf{\frac{\sqrt{6}}{6}}$$ 答

Point

▶ 多面体の表面積を S，体積を V，内接球の半径を r とおくと，

$$\boxed{V=\frac{1}{3}rS}$$

第10章 三角関数

10-1 2倍角の公式①

$\sin\theta=\dfrac{4}{5}$ $(0°<\theta<90°)$ のとき，$4\tan\dfrac{\theta}{2}$ の値を求めよ。

解答目安時間 3分　難易度

解答

$\dfrac{\theta}{2}=\alpha$ とおくと，$\theta=2\alpha$

$\sin\theta=\sin2\alpha=\dfrac{4}{5}$ より，$2\sin\alpha\cos\alpha=\dfrac{4}{5}$　(2倍角の公式)

よって，$\sin\alpha\cos\alpha=\dfrac{2}{5}$

両辺を $\cos^2\alpha$ で割って，

$$\frac{\sin\alpha\cos\alpha}{\cos^2\alpha}=\frac{2}{5}\cdot\frac{1}{\cos^2\alpha}$$

tan をつくる

$$\Leftrightarrow\quad \tan\alpha=\frac{2}{5}\cdot\frac{1}{\cos^2\alpha}$$

$$\Leftrightarrow\quad 5\tan\alpha=2(1+\tan^2\alpha)$$

$$\Leftrightarrow\quad (2\tan\alpha-1)(\tan\alpha-2)=0$$

$$\tan\alpha=\frac{1}{2},\ 2$$

ここで，$0°<\theta=2\alpha<90°$ より，$0°<\alpha<45°$ であるから，

$$\tan\alpha=\frac{1}{2}$$

よって，$4\tan\dfrac{\theta}{2}=4\tan\alpha=4\cdot\dfrac{1}{2}=\mathbf{2}$　答

別解

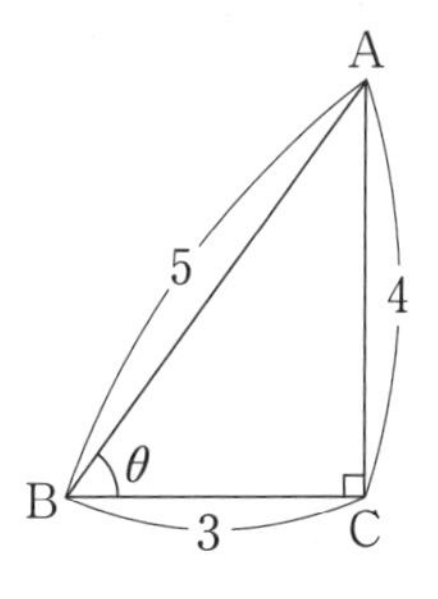

$\sin\theta=\frac{4}{5}$ より，$\tan\theta=\frac{4}{3}$

右図で，角の 2 等分線の定理より，

AD：DC＝5：3

よって，$DC=4\times\frac{3}{5+3}=\frac{3}{2}$

$\tan\frac{\theta}{2}=\frac{3}{2}\div3=\frac{1}{2}$

よって，$4\tan\frac{\theta}{2}=\mathbf{2}$ 答

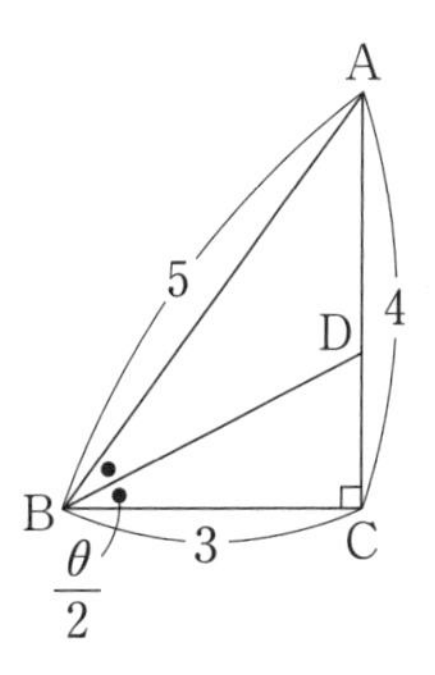

Point

▶ **2 倍角の公式**

$\sin2\alpha=2\sin\alpha\cos\alpha$ $\cos2\alpha=\cos^2\alpha-\sin^2\alpha=1-2\sin^2\alpha=2\cos^2\alpha-1$

▶ $\frac{\theta}{2}=\alpha$ **とおくことで半角は 2 倍角にできる。**

10-2　2倍角の公式②

$\sin x+\sin y=1$ のとき，$6\cos 2x+4\cos 2y$ の最大値を求めよ。

解答目安時間　4分　　難易度

解答

2倍角の公式より，

$$
\begin{aligned}
&6\cos 2x+4\cos 2y \\
&=6(1-2\sin^2 x)+4(1-2\sin^2 y) \\
&=10-12\sin^2 x-8(1-\sin x)^2 \\
&=-20s^2+16s+2 \\
&=-20\left(s-\frac{2}{5}\right)^2+\frac{26}{5}
\end{aligned}
$$

$\sin x+\sin y=1$ を使いたいから $\sin x$，$\sin y$ に統一

角 x or 角 y に統一

（ただし $s=\sin x$　文字のシンプル化）

よって，$s=\sin x=\frac{2}{5}$ のとき，最大値 $\mathbf{\frac{26}{5}}$　答

Point

▶ 三角関数の中に**2**倍角が混在しているときは，「**2**倍角の公式」を用いて，**sin** や **cos** を統一する。

10-3 2倍角の公式③

A，B はともに 90° より小さい正の角とする。
$3\sin^2 A+2\sin^2 B=1$，$3\sin 2A-2\sin 2B=0$ のとき，
$A+2B$ の大きさを求めよ。

解答目安時間 8分　難易度

解答

$$3\sin^2 A+2\sin^2 B=1$$

$$\Leftrightarrow \quad 3\cdot\frac{1-\cos 2A}{2}+2\cdot\frac{1-\cos 2B}{2}=1$$

つまり，$3\cos 2A=3-2\cos 2B \quad \cdots①$

また，$3\sin 2A=2\sin 2B \quad \cdots②$であるから，

$①^2+②^2$： $9=(3-2\cos 2B)^2+(2\sin 2B)^2$ ←2B を作る

$9=9-12\cos 2B+4$

これを整理して，$\cos 2B=\frac{1}{3}$

①より，$\cos 2A=\frac{7}{9}$ となり，2倍角の公式から，

$$\cos 2A=1-2\sin^2 A=\frac{7}{9}$$

よって，$\sin^2 A=\frac{1}{9}$

$0^\circ<A<90^\circ$ より，$\sin A=\frac{1}{3} \quad \cdots③$

ここで $\sin A=\cos 2B$ なので，

$\cos(90^\circ-A)=\cos 2B$ となり，$90^\circ-A=2B$

よって，$A+2B=\mathbf{90^\circ}$ 答

別解

(③以降)

加法定理より,

$$\cos(A+2B)=\cos A\cos 2B-\sin A\sin 2B$$

ここで，③より，$\cos A=\dfrac{2\sqrt{2}}{3}$

$\cos 2B=\dfrac{1}{3}$ より，$\sin 2B=\dfrac{2\sqrt{2}}{3}$

よって，$\cos(A+2B)=\dfrac{2\sqrt{2}}{3}\cdot\dfrac{1}{3}-\dfrac{1}{3}\cdot\dfrac{2\sqrt{2}}{3}=0$

ゆえに，$A+2B=$ **90°** 答

Point

▶ **sin** と **cos** の **2** 次の同次式は，**2** 倍角で表すことができる。

$$\boldsymbol{\sin^2\theta=\frac{1}{2}(1-\cos 2\theta)}$$

$$\boldsymbol{\sin\theta\cos\theta=\frac{1}{2}\sin 2\theta}$$

$$\boldsymbol{\cos^2\theta=\frac{1}{2}(1+\cos 2\theta)}$$

▶ 余角の公式

$$\boldsymbol{\sin(90^\circ-\theta)=\cos\theta,\quad \cos(90^\circ-\theta)=\sin\theta}$$

10-4 3倍角の公式

△ABCにおいて，BC$=a$，CA$=b$，AB$=c$とする。

$B=72^\circ=2A$のとき，$\cos 36^\circ$および$\dfrac{a}{b}$の値を求めよ。

解答

$B=72^\circ=2A$なので$A=36^\circ$

$C=180^\circ-(A+B)=180^\circ-(36^\circ+72^\circ)=72^\circ$

$A=36^\circ$より，$5A=180^\circ$，つまり，$2A+3A=180^\circ$

そこで$\sin 3A=\sin(180^\circ-2A)$を考えると

$3\sin A-4\sin^3 A=\sin 3A$　（3倍角の公式）

$=\sin(180-2A)=\sin 2A=2\sin A\cos A$

両辺を$\sin A=\sin 36^\circ>0$でわると

$3-4\sin^2 A=2\cos A$

$\Leftrightarrow\quad 4\cos^2 A-2\cos A-1=0$

$\cos A=\cos 36^\circ=\dfrac{\mathbf{1+\sqrt{5}}}{\mathbf{4}}$ 答

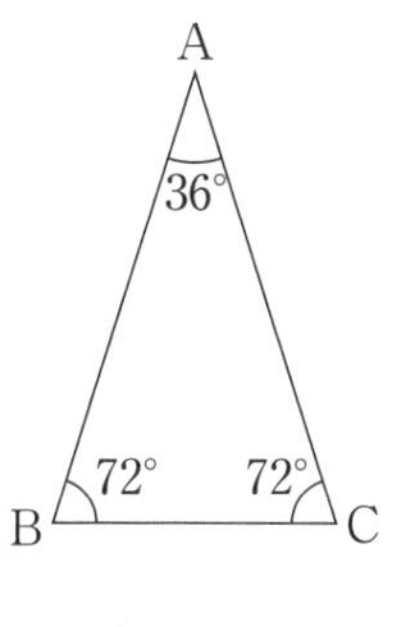

また，AB=ACなので$b=c$

このとき余弦定理より，

$$\cos A=\frac{b^2+c^2-a^2}{2bc}=\frac{2b^2-a^2}{2b^2}$$

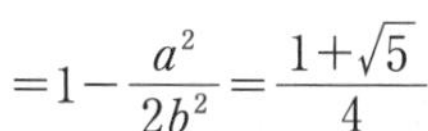

$$=1-\frac{a^2}{2b^2}=\frac{1+\sqrt{5}}{4}$$

よって，$\dfrac{a^2}{b^2}=\dfrac{3-\sqrt{5}}{2}$

$a>0$，$b>0$より，$\dfrac{a}{b}>0$なので，

$$\frac{a}{b}=\sqrt{\frac{3-\sqrt{5}}{2}}=\sqrt{\frac{6-2\sqrt{5}}{4}}=\frac{\sqrt{5}-1}{2}$$ 答

別解

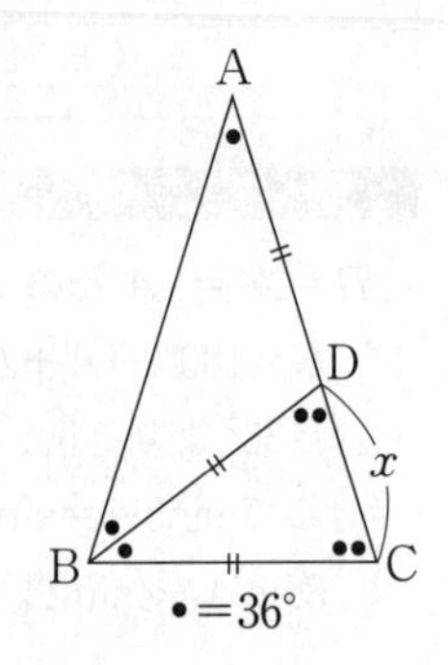

右図のようにDをとると，

$\triangle ABC \backsim \triangle BCD$

$CD=x$ とおくと，

$$a:x=b:a \iff x=\frac{a^2}{b}$$

$a+\dfrac{a^2}{b}=b$ より，

$$\left(\frac{a}{b}\right)^2+\frac{a}{b}-1=0$$

これを解いて，$\dfrac{a}{b}>0$ より，$\dfrac{a}{b}=\dfrac{-1+\sqrt{5}}{2}$ 答

余弦定理より，

$$\cos A=\frac{2b^2-a^2}{2b^2} \quad (b=c \text{ より})$$

$$=1-\frac{1}{2}\left(\frac{-1+\sqrt{5}}{2}\right)^2=\frac{1+\sqrt{5}}{4}$$ 答

Point

▶ **3倍角の公式**

$$\sin 3\theta=-4\sin^3\theta+3\sin\theta$$
$$\cos 3\theta=4\cos^3\theta-3\cos\theta$$

▶ **θ が 18° の倍数のときの $\sin\theta$ や $\cos\theta$ の値は，$5\theta=2\theta+3\theta$ を用いて $\sin 3\theta$ から求めることができる。**

10-5 加法定理・3倍角の公式

$\sin 5x$ を $\sin x$ の多項式で表せ。

解答目安時間 5分　難易度 

解答

$$\sin 5x = \sin(2x+3x)$$
$$= \sin 2x \cos 3x + \cos 2x \sin 3x \quad \cdots ①$$

ここで $\sin x = s$，$\cos x = c$ とおき，2倍角，3倍角の公式から，

$$\sin 2x = 2sc \qquad \cos 2x = 1-2s^2$$
$$\sin 3x = 3s-4s^3 \qquad \cos 3x = 4c^3-3c$$

よって①は，

$$\sin 5x = 2sc(4c^3-3c)+(1-2s^2)(3s-4s^3)$$
$$= 2sc^2(4c^2-3)+(8s^5-10s^3+3s)$$
$$= 2s(1-s^2)(1-4s^2)+8s^5-10s^3+3s$$
$$(s^2+c^2=1 \text{ より})$$
$$= (8s^5-10s^3+2s)+8s^5-10s^3+3s$$
$$= \mathbf{16\sin^5 x - 20\sin^3 x + 5\sin x}$$ 答

Point

▶ 加法定理

$$\sin(\alpha\pm\beta)=\sin\alpha\cos\beta\pm\cos\alpha\sin\beta$$
$$\cos(\alpha\pm\beta)=\cos\alpha\cos\beta\mp\sin\alpha\sin\beta$$

▶ 加法定理・2倍角の公式・3倍角の公式を利用する。

10-6 三角関数の合成①

$\sqrt{2}\sin\theta+\sqrt{6}\cos\theta$ が区間 $(0°\leqq\theta\leqq90°)$ で最大になるときの最大値と，そのときの θ の値を求めよ。

解答目安時間 3分　難易度

解答

$$\sqrt{2}\sin\theta+\sqrt{6}\cos\theta=\sqrt{2}(\sin\theta+\sqrt{3}\cos\theta)$$

$$=\sqrt{2}\sqrt{1^2+(\sqrt{3})^2}\sin(\theta+60°)$$ （合成の公式）

$$=2\sqrt{2}\sin(\theta+60°)$$

ここで $0°\leqq\theta\leqq90°$ から，

$60°\leqq\theta+60°\leqq150°$ なので

$$\frac{1}{2}\leqq\sin(\theta+60°)\leqq1$$

したがって

$\sqrt{2}\leqq2\sqrt{2}\sin(\theta+60°)\leqq2\sqrt{2}$

より，

$\theta+60°=90°$，つまり，$\theta=$**30°** のとき，最大値 $\mathbf{2\sqrt{2}}$ 答

Point

▶ 三角関数の合成の公式

$$\boldsymbol{a\sin\theta+b\cos\theta=\sqrt{a^2+b^2}\sin(\theta+\alpha)}$$
$$\boldsymbol{=\sqrt{a^2+b^2}\cos(\theta+\alpha-90°)}$$

（ただし $\boldsymbol{\alpha}$ は右図）

10-7 三角関数の合成②

$y=2(2\sin 45^\circ+\cos x)(2\cos 45^\circ+\sin x)$ の最大値を求めよ。

解答目安時間 5分　難易度 

解答

$$y=2(2\sin 45^\circ+\cos x)(2\cos 45^\circ+\sin x)$$
$$=2\left(2\cdot\frac{\sqrt{2}}{2}+c\right)\left(2\cdot\frac{\sqrt{2}}{2}+s\right)\quad\left(\begin{array}{l}\text{ただし}\\ s=\sin x,\ c=\cos x\end{array}\right)$$
$$=2\{sc+\sqrt{2}(s+c)+2\}\quad\cdots①$$

ここで，$s+c=\sin x+\cos x=t$ とおくと，

$(s+c)^2=1+2sc=t^2$ より，$sc=\dfrac{1}{2}(t^2-1)$

さらに，合成の公式より，$t=\sqrt{2}\sin(x+45^\circ)$

$$-\sqrt{2}\leqq t\leqq\sqrt{2}\quad\cdots②$$

①は，$y=2\left\{\dfrac{1}{2}(t^2-1)+\sqrt{2}t+2\right\}$

$$=t^2+2\sqrt{2}t+3$$
$$=\left(t+\sqrt{2}\right)^2+1$$

②に注意して，$t=\sqrt{2}$ のとき，最大値 $\boldsymbol{y=9}$ 答

Point

▶ 三角関数の計算

和　$\boldsymbol{\sin\theta+\cos\theta=t}$ とおくと

積　$\boldsymbol{\sin\theta\cos\theta=\dfrac{1}{2}(t^2-1)}$

と表すことができる。

10-8 三角関数の合成③

$C=90°$，$AB=4$ の直角三角形 ABC がある。
$BC+\sqrt{3}AC$ の最大値を求めよ。

解答目安時間 4分　難易度

解答

$BC=AB\cos B=4\cos B$

$AC=AB\sin B=4\sin B$

と表すことができるから，

$BC+\sqrt{3}AC$

$=4\cos B+\sqrt{3}\cdot 4\sin B$

$=4(\sqrt{3}\sin B+\cos B)$

$=4\sqrt{(\sqrt{3})^2+1^2}\sin(B+60°)$

$=8\sin(B+60°)$　…①

$0°<B<90°$ なので，$60°<B+60°<150°$

よって，$B+60°=90°$ つまり $B=30°$ のとき，$\sin(B+60°)$ は最大値 1 となる。

このとき，①の最大値は，$8\times1=\mathbf{8}$　答

Point

▶ 直角三角形は斜辺となす角 θ を用いて他の辺の長さを表すことができる。

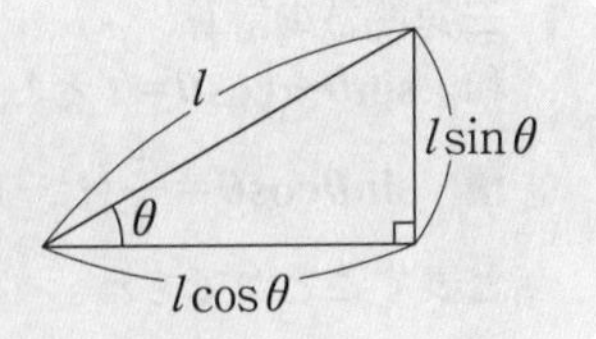

10-9 tanの加法定理①

方程式 $x^2-5x+4=0$ の2つの解を $\tan\theta_1$, $\tan\theta_2$ とする。$\tan\{2(\theta_1+\theta_2)\}$ の値を求めよ。

解答目安時間 4分　難易度 

解答

$x^2-5x+4=0$

$\Leftrightarrow$　$(x-1)(x-4)=0$ より，$x=1$, 4

よって，$\tan\theta_1=1$, $\tan\theta_2=4$ とおけて $\theta_1=45°$ とわかる。

このとき $\tan\{2(\theta_1+\theta_2)\}=\tan(90°+2\theta_2)$　($\theta_1=45°$より)

加法定理から，

$$\tan(90°+2\theta_2)=-\frac{1}{\tan2\theta_2}$$

$$=-\frac{1-\tan^2\theta_2}{2\tan\theta_2}\quad\text{(2倍角の公式)}$$

$$=-\frac{1-4^2}{2\cdot4}=\mathbf{\frac{15}{8}}$$ 答

Point

▶ **tanの加法定理**

$$\tan(\alpha+\beta)=\frac{\tan\alpha+\tan\beta}{1-\tan\alpha\tan\beta}$$

ただし，**tan90°** が存在しないので

$\tan(\alpha+90°)=-\dfrac{1}{\tan\alpha}$ を公式として使う。

10-10 tan の加法定理②

頂角が45°の鋭角三角形で，頂点から底辺までの垂線 L によって底辺は2 cmと3 cmの部分に分けられた。この垂線 L の長さを求めよ。

解答目安時間 6分　難易度

解答

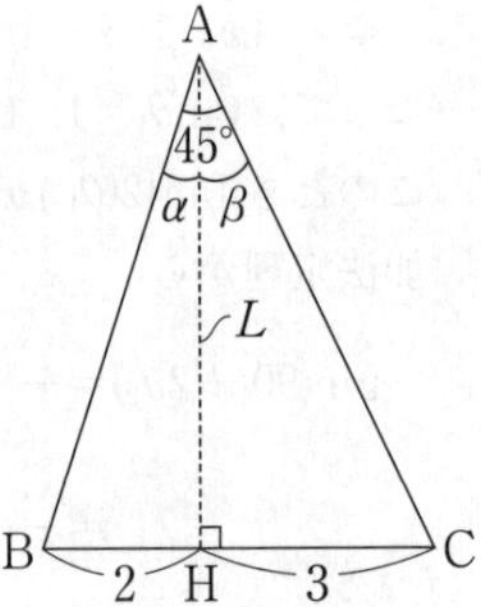

右図のように△ABCを定め，L とBCの交点をHとする。

$\angle BAH=\alpha$，$\angle CAH=\beta$

とおくと，

$\alpha+\beta=45°$　…①

ここで $AH=L$（長さ）として，

$\tan\alpha=\dfrac{2}{L}$，$\tan\beta=\dfrac{3}{L}$　…②

①より，$\tan(\alpha+\beta)=\tan 45°=1$

つまり，

$$\frac{\tan\alpha+\tan\beta}{1-\tan\alpha\tan\beta}=1 \iff \tan\alpha+\tan\beta=1-\tan\alpha\tan\beta$$

②を代入して，$\dfrac{5}{L}=1-\dfrac{6}{L^2}$

両辺を L^2 倍して整理すると，

$L^2-5L-6=0 \iff (L-6)(L+1)=0$

$L>0$ より，$\boldsymbol{L=6}$ **cm** 答

Point

▶ 三角形の底辺と高さの関係を **tan** で表す。

10-11 積→和の公式

$\cos 20^\circ \cos 40^\circ \cos 80^\circ$ の値を求めよ。

解答目安時間 3分　難易度

解答

$$\cos 40^\circ \cos 80^\circ = \frac{1}{2}\{\cos(80^\circ + 40^\circ) + \cos(80^\circ - 40^\circ)\}$$

$$= \frac{1}{2}\left(-\frac{1}{2} + \cos 40^\circ\right)$$

よって，$\cos 20^\circ \cos 40^\circ \cos 80^\circ$

$$= \frac{1}{2}\left(-\frac{1}{2}\cos 20^\circ + \cos 40^\circ \cos 20^\circ\right)$$

$$= \frac{1}{2}\left\{-\frac{1}{2}\cos 20^\circ + \frac{1}{2}(\cos 60^\circ + \cos 20^\circ)\right\}$$

$$= \boldsymbol{\frac{1}{8}}$$ 答

Point

▶ 積→和の公式

$$\sin A \cos B = \frac{1}{2}\{\sin(A+B) + \sin(A-B)\}$$

$$\cos A \sin B = \frac{1}{2}\{\sin(A+B) - \sin(A-B)\}$$

$$\cos A \cos B = \frac{1}{2}\{\cos(A+B) + \cos(A-B)\}$$

$$\sin A \sin B = -\frac{1}{2}\{\cos(A+B) - \cos(A-B)\}$$

▶ 積→和の公式を用いて，求めやすい角度にする。

10-12 三角方程式の解の個数①

$0° \leqq \theta \leqq 360°$ のとき，$\sin(4\theta - 60°) = -\dfrac{\sqrt{3}}{2}$ となる θ の個数を求めよ。

解答目安時間 5分　難易度

解答

$0° \leqq \theta \leqq 360°$ より，

$-60° \leqq 4\theta - 60° \leqq 1380°$

$\sin(4\theta - 60°) = -\dfrac{\sqrt{3}}{2}$ となるのは，θ の範囲に注意して，

$4\theta - 60° = -60°,\ 240°,\ 300°,\ 600°,\ 660°,\ 960°,\ 1020°,$
$1320°,\ 1380°$

より，θ は **9個** 答

Point

- $\boldsymbol{\theta}$ の範囲に注意して，該当する解を数え上げる。
- $\boldsymbol{\theta}$ の個数を問われているので，$\boldsymbol{\theta}$ の値を求める必要はない。

10-13 三角方程式の解の個数②

次の方程式の解は，$0<\theta<4\pi$ の範囲に何個あるか。

$$\sin\theta+\cos\theta=4\sin\theta\cos\theta$$

解答目安時間 6分　難易度 

解答

$\sin\theta+\cos\theta=t$ とおくと，$\sin^2\theta+\cos^2\theta=1$ より，

$$\sin\theta\cos\theta=\frac{1}{2}(t^2-1)$$

よって与式は，$t=4\cdot\frac{1}{2}(t^2-1) \iff 2t^2-t-2=0$

$$t=\frac{1\pm\sqrt{17}}{4}$$

また，$t=\sin\theta+\cos\theta=\sqrt{2}\sin\left(\theta+\frac{\pi}{4}\right)$ なので，

$$\sin\left(\theta+\frac{\pi}{4}\right)=\frac{1\pm\sqrt{17}}{4\sqrt{2}}$$

ここで，$0<\frac{1+\sqrt{17}}{4\sqrt{2}}<1$，$-1<\frac{1-\sqrt{17}}{4\sqrt{2}}<0$，$0<\theta<4\pi$ に注意すると，

$\sin\left(\theta+\frac{\pi}{4}\right)=\frac{1\pm\sqrt{17}}{4\sqrt{2}}$ となる θ は，$0<\theta<2\pi$ に4個なので4個×2=**8個** 答

Point

▶ $\boldsymbol{\sin\theta+\cos\theta=t}$ とおいて，$\boldsymbol{\sin\theta\cos\theta=\frac{1}{2}(t^2-1)}$ を利用する。

10-14 三角関数の次数下げ

平面上に2つの点PとQがある。それらの位置が次式で与えられている。

$$\mathrm{P}(a\cos\theta,\ a\sin\theta)\qquad \mathrm{Q}(4\cos^3\theta,\ 4\sin^3\theta)$$

ここで，aはθに無関係な定数である。

線分PQの長さがθに依存せず一定になるように，aの値とそのときの線分PQの長さを求めよ。

解答目安時間 5分　難易度

解答

$$\mathrm{PQ}^2=(4\cos^3\theta-a\cos\theta)^2+(4\sin^3\theta-a\sin\theta)^2$$

$$=16(c^6+s^6)-8a(c^4+s^4)+a^2(c^2+s^2)\quad \begin{pmatrix} s=\sin\theta \\ c=\cos\theta \end{pmatrix}$$

ここで，

$$c^4+s^4=(c^2+s^2)^2-2s^2c^2$$
$$=1-2s^2c^2\quad \cdots①$$

$$c^6+s^6=(c^2+s^2)(c^4-s^2c^2+s^4)$$
$$=1\cdot(1-3s^2c^2)\quad \cdots②\quad (①より)$$

よって，$\mathrm{PQ}^2=16(1-3s^2c^2)-8a(1-2s^2c^2)+a^2$
$$=a^2-8a+16+16(a-3)s^2c^2$$

PQがθに依存しないのは，$a=\mathbf{3}$のときなので

$$\mathrm{PQ}=\sqrt{a^2-8a+16}=\sqrt{(a-4)^2}=\mathbf{1}$$ 答

別解

$$\begin{cases} 4\cos^3\theta=4\cos\theta(1-\sin^2\theta) \\ 4\sin^3\theta=4\sin\theta(1-\cos^2\theta) \end{cases}$$ より，

$$\begin{aligned} PQ^2&=\{\cos\theta(a-4+4\sin^2\theta)\}^2+\{\sin\theta(a-4+4\cos^2\theta)\}^2 \\ &=\cos^2\theta\{(a-4)^2+8(a-4)\sin^2\theta+16\sin^4\theta\} \\ &\qquad+\sin^2\theta\{(a-4)^2+8(a-4)\cos^2\theta+16\cos^4\theta\} \\ &=(a-4)^2(\cos^2\theta+\sin^2\theta)+16(a-4)\sin^2\theta\cos^2\theta \\ &\qquad+16\sin^2\theta\cos^2\theta(\sin^2\theta+\cos^2\theta) \\ &=(a-4)^2+16(a-3)\sin^2\theta\cos^2\theta \end{aligned}$$

よって，PQ が θ に依存しないのは $a=3$ のときである。

このとき $PQ^2=1$ より，$PQ=\mathbf{1}$ 答

Point

- 与式を展開して出てくる $\sin^6\theta+\cos^6\theta$, $\sin^4\theta+\cos^4\theta$ などを，$\sin^2\theta+\cos^2\theta=1$ や 3 次式の因数分解を用いて次数下げする。
- **2 点間の距離**

  $A(x_1,\ y_1)$ と $B(x_2,\ y_2)$ の距離の公式

  $$AB=\sqrt{(x_2-x_1)^2+(y_2-y_1)^2}$$

第11章 指数・対数

11-1 位の値

47^{2003} の1の位の値を求めよ。

解答目安時間 3分　難易度

解答

$47^1=47$，$47^2=2209$，$47^3=103823$，$47^4=\cdots\cdots 1$

$47^5=\cdots\cdots 7$，$47^6=\cdots\cdots 9$，$47^7=\cdots\cdots 3$，$47^8=\cdots\cdots 1$

1の位は7，9，3，1をくり返すことがわかる。

ここで，$2003\div 4=500$ あまり3なので，47^3 の1の位と同じ。

よって，**3** 答

補足

47^n と 47^{n+4} の1の位の値が同じことを示す。

$$
\begin{aligned}
47^{n+4}-47^n &= 47^n(47^4-1)\\
&= 47^n(47^2+1)(47^2-1)\\
&= 47^n\cdot 2210\cdot(47+1)(47-1)\\
&= 47^n\cdot 48\cdot 46\cdot 2210 \quad \text{は10の倍数}
\end{aligned}
$$

つまり 47^{n+4} と 47^n の1の位は同じ。よって，1の位は7，9，3，1をくり返す。

Point

▶ **1**の位のみの累乗を考えて予測する。

11-2 底をそろえる

$2^a=32^b=x^c$ $(abc \neq 0,\ x>0)$ のとき，$\dfrac{1}{a}+\dfrac{1}{b}=\dfrac{2}{c}$ となるとする。x の値を求めよ。

解答目安時間 4分　難易度 

解答

$2^a=32^b=x^c \iff 2^a=(2^5)^b=x^c$ （底をそろえる）

$a=5b$ …①

このとき $\dfrac{1}{a}+\dfrac{1}{b}=\dfrac{2}{c}$ は，

$$\frac{1}{5b}+\frac{1}{b}=\frac{2}{c} \iff \frac{6}{5b}=\frac{2}{c}$$

よって，$3c=5b$ …②

①，②より，$a=3c$

このとき，

$$2^a=x^c \iff 2^{3c}=x^c$$

$2^{3c}=(2^3)^c=8^c$ なので，$8^c=x^c$ から，$x=\mathbf{8}$ 答

Point

- 指数に着目して式を変形する。
- 底はそろえておく。

11-3 指数方程式①

方程式 $2^{3x}-13\cdot2^{2x}+44\cdot2^{x}-32=0$ を解け。

解答目安時間 3分　　難易度

解　答

$$2^{3x}-13\cdot2^{2x}+44\cdot2^{x}-32=0$$

$$(2^{x})^{3}-13\cdot(2^{x})^{2}+44\cdot2^{x}-32=0$$

$2^{x}=t>0$ とおくと，

$$t^{3}-13t^{2}+44t-32=0$$

$$\Leftrightarrow\quad (t-1)(t-4)(t-8)=0$$

$$t=1,\ 4,\ 8$$

よって，$2^{x}=1,\ 4,\ 8$ なので

$\boldsymbol{x=0,\ 2,\ 3}$ 答

Point

- **2^{x} など，$a^{x}=t$ とおくと $t>0$ となるのでこの範囲に注意して解く。**
- **$a^{rs}=(a^{r})^{s}$ を用いて 2^{x} をくくりだす。**

11-4 指数方程式②

正の定数 a に対して，方程式 $12\cdot3^{-x}+3^{x+3}=6a$ を考える。この方程式がただ1つの解をもつとき，a の値を求めよ。

解答目安時間 5分　難易度

解答

$$12\cdot3^{-x}+3^{x+3}=6a \iff 12\cdot\frac{1}{3^x}+3^x\cdot3^3=6a \quad\cdots①$$

$3^x=t>0$ とおくと，①は，

$$12\cdot\frac{1}{t}+t\cdot27=6a \iff 9t^2-2at+4=0 \quad\cdots②$$

ここで，$t=3^x$ は，$t>0$ であれば，t と x は1対1対応であるから，ただ1つの x が存在するとは，ただ1つの $t>0$ が存在するということである。

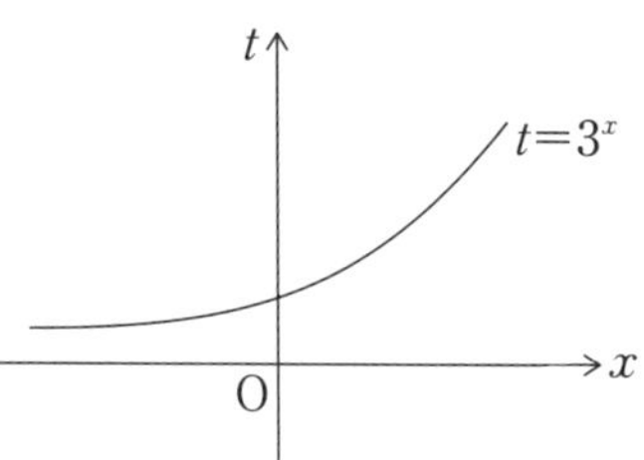

②より，$t=\dfrac{a\pm\sqrt{a^2-36}}{9}$

$a>0$ より，②がただ1つの正の解をもつのはルート内が0であるから，$a=\mathbf{6}$ 答

補足

本問は相加・相乗平均の不等式を使っても解くことができます。

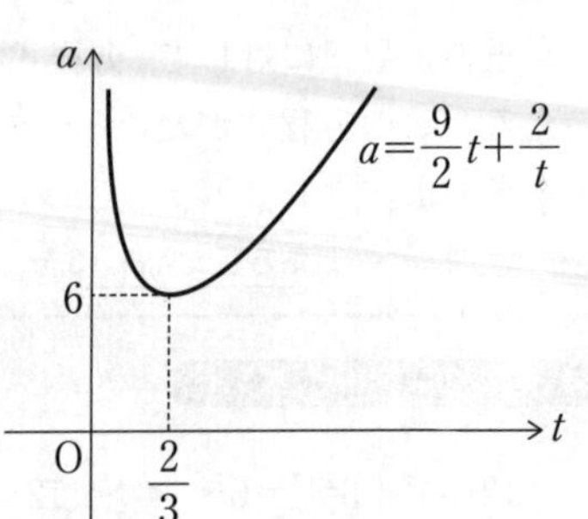

$3^x=t$ とおくと②は，

$a=\frac{9}{2}t+\frac{2}{t}$ $(t>0)$

a が最小となるとき t の値は1つだけになるので相加・相乗平均の不等式から，

$$\frac{9}{2}t+\frac{2}{t}\geqq 2\sqrt{\frac{9t}{2}\cdot\frac{2}{t}}=6$$

ゆえに $a=6$

Point

▶ 正の数 $\boldsymbol{a}$ について $\boldsymbol{a^x=t>0}$ とおくと $\boldsymbol{x}$ と $\boldsymbol{t}$ は $\boldsymbol{t>0}$ に対して **1** 対 **1** 対応している。

11-5 底の変換公式

$67^x=27$，$603^y=81$ のとき，$\dfrac{4}{y}-\dfrac{3}{x}$ の値を求めよ。

解答目安時間 4分　難易度

解答

$$\begin{cases} 67^x=27 & \cdots① \\ 603^y=81 & \cdots② \end{cases}$$

①より，$x=\log_{67}27 \iff \dfrac{1}{x}=\log_{27}67$

②より，$y=\log_{603}81 \iff \dfrac{1}{y}=\log_{81}603$

このとき，

$$\frac{4}{y}-\frac{3}{x}=4\log_{81}603-3\log_{27}67$$

底の変換公式で底を3にそろえる

$$=4\frac{\log_3 603}{\log_3 81}-3\frac{\log_3 67}{\log_3 27}$$

$$=4\cdot\frac{\log_3 603}{4}-3\cdot\frac{\log_3 67}{3}$$

$$=\log_3\frac{603}{67}=\log_3 9=\mathbf{2}$$ 答

Point

- **$a^x=b$ とは $x=\log_a b$**
- 底の変換公式

$$\log_a M=\frac{\log_b M}{\log_b a} \quad \text{特に，} \quad \log_a b=\frac{1}{\log_b a}$$

（a，b，M は正の数で，$a\neq1$，$b\neq1$，$M\neq1$）

11-6　対数計算①

2つの関数 $x=\log_{10}p$, $y=\log_{10}q-\log_{10}(1-q)$ を考える。ただし，p と q には関数関係 $q=\dfrac{2p^6}{p+2p^6}$ がある。このとき，x と y の関係式を求めよ。

解答目安時間　4分　　難易度

解　答

$x=\log_{10}p \iff p=10^x \quad \cdots①$

$y=\log_{10}q-\log_{10}(1-q)=\log_{10}\dfrac{q}{1-q}$

$\iff 10^y=\dfrac{q}{1-q}$

$\iff 10^y(1-q)=q$

よって，$10^y=(10^y+1)q$ より，$q=\dfrac{10^y}{10^y+1} \quad \cdots②$

$q=\dfrac{2p^6}{p+2p^6}$ より，$\dfrac{1}{q}=\dfrac{p+2p^6}{2p^6}=\dfrac{1}{2p^5}+1=\dfrac{10^y+1}{10^y}$

つまり，$\dfrac{1}{2p^5}+1=1+\dfrac{1}{10^y}$ より，$2p^5=10^y$

よって，$y=\log_{10}2p^5=\log_{10}2+\log_{10}p^5$

$\boldsymbol{y=\log_{10}2+5x}$ 答

Point

▶ $\dfrac{c}{a+b}$ のように分子が **1** つのみのときは逆数にして

$\dfrac{a+b}{c}=\dfrac{a}{c}+\dfrac{b}{c}$ にするとよい。

11-7 対数計算②

同じ材質，同じ厚さのガラス板 24 枚を重ねて，光を入射したところ透過光の強さは $\frac{1}{8}$ に減じた。この光の強さを $\frac{1}{2}$ にするためには，何枚のガラス板を重ねればよいか。

解答目安時間 5 分　難易度

解答

1 枚のガラス板によって入射光が x 倍の透過光になったとすると，24 枚で $\frac{1}{8}$ なので $x^{24}=\frac{1}{8}$ となる。つまり，

$$x=\left(\frac{1}{8}\right)^{\frac{1}{24}}=(2^{-3})^{\frac{1}{24}}=2^{-\frac{1}{8}}$$

このときガラス板 y 枚で $\frac{1}{2}$ になるので $x^y=\frac{1}{2}$

よって $y=\log_x\frac{1}{2}=\log_x 2^{-1}$

$$=-\log_x 2=-\frac{1}{\log_2 x}$$

$$=-\frac{1}{\log_2 2^{-\frac{1}{8}}}=8$$

よって，**8 枚** 答

Point

▶ ガラス板 **1** 枚で $\boldsymbol{x}$ 倍の透過光になるとすると，
2 枚で $\boldsymbol{x\times x}$ 倍，**3** 枚で $\boldsymbol{x\times x\times x}$ 倍になる。

11-8 対数計算③

ある薬品の不純物は壊れやすく，7日間で最初の量の50%に減少する。この不純物が最初の量の0.1%以下になるのは最短で何日後か。ただし，$\log_{10}2=0.3010$とする。

解答目安時間 5分　難易度

解答

7日間ごとに$50\%=\dfrac{1}{2}$になるので，最初の量をaとすると，7日後に$\dfrac{1}{2}a$，7日×n後，つまり，$7n$日後には$\left(\dfrac{1}{2}\right)^n a$

$\left(\dfrac{1}{2}\right)^n a \leqq 0.001a$となる$n$を求めると

$$\left(\frac{1}{2}\right)^n \leqq \frac{1}{1000} \iff 2^n \geqq 10^3$$

$$\begin{aligned} n &\geqq \log_2 10^3 \\ &= 3\log_2 10 \\ &= 3\cdot\frac{1}{\log_{10}2} \\ &= \frac{3}{0.3010} = 9.966\cdots \end{aligned}$$

$\left(\log_2 10=\dfrac{1}{\log_{10}2}\right)$

$7n$日後はおよそ$7\times 9.966=69.762 \fallingdotseq 70$

よって，**70日後**　答

Point

▶ **7**日間ごとに**50%**減少ということは，$\boldsymbol{7n}$日後に$\left(\dfrac{\mathbf{1}}{\mathbf{2}}\right)^n$となる。

11-9 対数方程式①

$\log_{x-2}(x^3-16x+8)=3$ の解を求めよ。

解答目安時間 5分　難易度 

解　答

$\log_{x-2}(x^3-16x+8)=3$　…①

真数条件から，$x^3-16x+8>0$
底の条件から，$x-2>0$ かつ $x-2\neq1$　…②

①の両辺を1つの対数にまとめると

$$\log_{x-2}(x^3-16x+8)=\log_{x-2}(x-2)^3$$

$$\Leftrightarrow\quad x^3-16x+8=x^3-6x^2+12x-8$$

$$\Leftrightarrow\quad 6x^2-28x+16=0$$

$$\Leftrightarrow\quad 3x^2-14x+8=0$$

$$\Leftrightarrow\quad (x-4)(3x-2)=0$$

$$x=4,\ \frac{2}{3}$$

このうち②を満たすのは，$\boldsymbol{x=4}$　答

Point

▶ 対数方程式の真数条件・底の条件
対数方程式において

$\log_a b$ の真数 $b>0$，底 a の $a>0$，$a\neq1$

は，方程式を解いてから解の十分性を調べる。

11-10　対数方程式②

2次方程式 $x^2+(2\log_{10}5)x+\log_{10}2.5=0$ の2つの解を α，β とする。$2(10^{\alpha}+10^{\beta})$ の値を求めよ。

解答目安時間　5分　　難易度 

解　答

$x^2+(2\log_{10}5)x+\log_{10}2.5=0$　…①

ここで $\log_{10}2.5=\log_{10}\dfrac{25}{10}=\log_{10}5^2-\log_{10}10$

$=2\log_{10}5-1$

よって，①は，$x^2+(2\log_{10}5)x+(2\log_{10}5-1)=0$

これを因数分解すると

$(x+1)(x+2\log_{10}5-1)=0$

$x=-1,\ 1-2\log_{10}5$

そこで $\alpha=-1$，$\beta=1-2\log_{10}5$ とおくと

$10^{\alpha}=10^{-1}=0.1$,

$\beta=\log_{10}10-\log_{10}25=\log_{10}\dfrac{10}{25}=\log_{10}0.4$ より，

$10^{\beta}=0.4$

よって，$2(10^{\alpha}+10^{\beta})=2(0.1+0.4)=\mathbf{1}$　答

Point

▶ $\log_{10}2.5=\log_{10}\dfrac{25}{10}$ に着目して，与式を因数分解できる形に変形する。

▶ 与式に直接解の公式を用いても同じ結果になるが計算が面倒である。

11-11 対数不等式

$2\log_4(5x+4)+\log_{\frac{1}{2}}(x+3) \geqq \log_2(x-4)$ を解け。

解答目安時間 5分　難易度

解答

$$2\log_4(5x+4)+\log_{\frac{1}{2}}(x+3) \geqq \log_2(x-4) \quad \cdots①$$

真数条件から，$\begin{cases} 5x+4>0 \\ x+3>0 \\ x-4>0 \end{cases}$

これらをすべて満たす x の条件は，$4<x \quad \cdots②$

このとき①の底をすべて2にそろえると，

$$2\cdot\frac{\log_2(5x+4)}{\log_2 4}+\frac{\log_2(x+3)}{\log_2\frac{1}{2}} \geqq \log_2(x-4)$$

$$\Leftrightarrow \quad \log_2(5x+4)-\log_2(x+3) \geqq \log_2(x-4)$$

$$\Leftrightarrow \quad \log_2(5x+4) \geqq \log_2(x+3)+\log_2(x-4)$$

よって，$5x+4 \geqq (x+3)(x-4)$

$$\Leftrightarrow \quad x^2-6x-16 \leqq 0$$

$$\Leftrightarrow \quad (x-8)(x+2) \leqq 0$$

$$\Leftrightarrow \quad -2 \leqq x \leqq 8$$

これと②より，$\boldsymbol{4<x \leqq 8}$　答

Point

▶ 対数不等式では真数条件や底の条件を初めに解いておく。

11-12 対数関数の最大値

$xy=125$ のとき，$(\log_5 x)\cdot(\log_5 y)$ の最大値を求めよ。

解答目安時間 5分　難易度

解答

$(\log_5 x)\cdot(\log_5 y)=F$ とおくと，真数条件から，

$x>0,\ y>0$

このとき，$xy=125$ の両辺に底 5 の対数をとると，

$\log_5 xy=\log_5 125$

$\Leftrightarrow\ \log_5 x+\log_5 y=3\ \Leftrightarrow\ \log_5 y=3-\log_5 x$

このとき，$F=(\log_5 x)(3-\log_5 x)$

$=-s^2+3s\ (s=\log_5 x)$

$=-\left(s-\dfrac{3}{2}\right)^2+\dfrac{9}{4}$

よって，$s=\dfrac{3}{2}$ のとき，F は最大値 $\dfrac{9}{4}$ 答

Point

▶ 対数の性質

$\boldsymbol{\log_a xy=\log_a x+\log_a y}$

▶ **$xy=125$ に底 5 の対数をとると，**
$\log_5 125=\log_5 x+\log_5 y=3$ のように和を作ることができる。

11-13 常用対数

3^{20} の桁数と最高位の数字を求めよ。
ただし，$\log_{10}2=0.3010$，$\log_{10}3=0.4771$ とする。

解答目安時間 4分　難易度

解答

$N=3^{20}$ の常用対数をとると，

$$\begin{aligned}\log_{10}N&=20\log_{10}3\\&=20\times0.4771\\&=9.542\end{aligned}$$

よって，$N=10^{9.542}=10^{0.542}\times10^{9}$

ここで，$\log_{10}2=0.3010$ より，$10^{0.3020}=2$

$\log_{10}3=0.4771$ より，$10^{0.4771}=3$

$\log_{10}4=2\times0.3010$ より，$10^{0.6020}=4$

であるから，$3<10^{0.542}<4$

したがって，

3^{20} の桁数は **10**，最高位の数字は **3**　答

《注》 10 の n 乗とは，1 の後ろに 0 が n 個続く整数であるから，桁数は $n+1$ 桁になる。

Point

- 桁数問題は常用対数をとって考える。
- **$\log_{10}2=0.3010$** とは **$2=10^{0.3010}$** のことである。

第12章 微分・積分

12-1 微分の公式

2次関数 $f(x)$ について，次式が成り立つ。

$$f'(0)=1 \quad f'(1)=2 \quad f'(f(0))=4$$

$f(x)$ を求めよ。

解答目安時間 2分　難易度

解答

求める2次関数を $f(x)=ax^2+bx+c$ $(a\neq 0)$ とおくと，

$f'(x)=2ax+b$

条件より，

$f'(0)=b=1$ …①

$f'(1)=2a+b=2$ …②

①，②を解いて，

$(a,\ b)=\left(\frac{1}{2},\ 1\right)$

このとき，$f(x)=\frac{1}{2}x^2+x+c$ とおけるので，

$f'(x)=x+1$

ここで，$f'(f(0))=f'(c)=c+1=4$ から，

$c=3$

よって，求める方程式は

$\boldsymbol{f(x)=\frac{1}{2}x^2+x+3}$ 答

別解

$f(x)$ は 2 次関数だから，$f'(x)=Ax+B$ とおける。

$f'(0)=1$，$f'(1)=2$ より，

$B=1$，$A=1$

よって，$f'(x)=x+1$

$f'(f(0))=4$ より，$f(0)=3$

$f(x)=\dfrac{x^2}{2}+x+C$ と $f(0)=3$ より，

$f(x)=\boldsymbol{\dfrac{x^2}{2}+x+3}$ 答

Point

- 求める 2 次関数を $\boldsymbol{f(x)=ax^2+bx+c}$ とおいて，微分の公式から導関数 $\boldsymbol{f'(x)}$ を導き出して条件に当てはめれば解決します。
- 微分の公式

(i) $\boldsymbol{(x^n)'=nx^{n-1}}$ （$\boldsymbol{n}$ は正の整数）
(ii) (定数)$'=\boldsymbol{0}$
(iii) $\boldsymbol{\{kf(x)\}'=kf'(x)}$ （$\boldsymbol{k}$ は正の整数）

12-2　2次関数の決定

関数 $f(x)$ と $g(x)$ はともに x の2次式で，次の条件を満たす。

$$f'(x)+g(x)=x^2+2x,\quad g'(x)+f(x)=x^2+4x+2$$

$f(x)$，$g(x)$ を求めよ。

解答目安時間　3分　　難易度

解　答

$$\begin{cases} f(x)=ax^2+bx+c & (a\neq 0) \\ g(x)=dx^2+ex+f & (d\neq 0) \end{cases}$$ とおくと，

$$f'(x)=2ax+b,\quad g'(x)=2dx+e$$

よって条件から，

$$f'(x)+g(x)=dx^2+(2a+e)x+b+f=x^2+2x+0$$

$$g'(x)+f(x)=ax^2+(b+2d)x+c+e=x^2+4x+2$$

これがすべての x で成り立つので係数比較をして

$$d=1,\quad 2a+e=2,\quad b+f=0,$$

$$a=1,\quad b+2d=4,\quad c+e=2$$

これを解いて，

$$(a,\ b,\ c,\ d,\ e,\ f)=(1,\ 2,\ 2,\ 1,\ 0,\ -2)$$

よって，$f(x)=\boldsymbol{x^2+2x+2}$，$g(x)=\boldsymbol{x^2-2}$　答

Point

▶ 関数方程式はその定義域 x において常に成り立つ。
→恒等式のイメージ

12-3 3次関数の決定

$f(x)$ は x の3次式で，次の条件を満たす。
$h(x)=f(x)-f'(x)$，$h(-2)=h'(-2)=0$，$f'(0)-h'(0)=0$
このとき，$h(x)=0$ の解をすべて求めよ。

解答目安時間 5分　難易度

解答

3次式 $f(x)=ax^3+bx^2+cx+d\ (a \neq 0)$ とおくと，

$f'(x)=3ax^2+2bx+c$　…①

$h(x)=f(x)-f'(x)$

$=ax^3+(b-3a)x^2+(c-2b)x+d-c$　…②

$h'(x)=3ax^2+2(b-3a)x+(c-2b)$　…③

②より，$h(-2)=-20a+8b-3c+d=0$　…④

③より，$h'(-2)=24a-6b+c=0$　…⑤

①，③より，$f'(0)-h'(0)=c-(c-2b)=0$　…⑥

⑥より，$b=0$，これにより④，⑤は

$$\begin{cases} -3c+d=20a \\ c=-24a \end{cases}$$　…⑦

よって，$d=-52a$　…⑧

⑦，⑧を用いて②は，$h(x)=ax^3-3ax^2-24ax-28a$

$=a(x^3-3x^2-24x-28)$

$=a(x+2)^2(x-7)$

よって，$h(x)=0$ を解いて，　$\boldsymbol{x=-2，7}$　答

Point

▶ 未知数 **4** 個の **3** 次式を仮定し，条件式 **3** つを使って未知数 **1** つの関係式を作り出す。

12-4　2曲線の接する条件

2つの曲線 $y=-x^3+a$, $y=-x^2+bx+c$ は，点 $(-1,\ 2)$ で接線を共有している。a, b, c の値を求めよ。

解答目安時間 3分　難易度

解答

$$\begin{cases} y=-x^3+a=f(x) \\ y=-x^2+bx+c=g(x) \end{cases}$$ とおくと，

$f'(x)=-3x^2$, $g'(x)=-2x+b$

このとき　$f(-1)=g(-1)=2$ より，

$$\begin{cases} 1+a=2 & \cdots① \\ -1-b+c=2 & \cdots② \end{cases}$$

$f(x)$ と $g(x)$ は $x=-1$ で接線を共有しているので，
$f'(-1)=g'(-1)$ より，

$-3=2+b$　$\cdots③$

①，②，③を解いて，

$(a,\ b,\ c)=(\mathbf{1},\ \mathbf{-5},\ \mathbf{-2})$　答

Point

- ▶ 接線は接点なくして語れず。
- ▶ 接点において接線は点を共有し，傾きが等しい。
つまり $\boldsymbol{x=t}$ で接線を共有するとき，

$\boldsymbol{f(t)=g(t)}$
$\boldsymbol{f'(t)=g'(t)}$

12-5 関数の最大・最小①

x の3次関数 $y=x^3-3a^2x+b$ の極大値は2，極小値は -2 である。a，b の値を求めよ。

解答目安時間 4分　難易度

解答

$y=x^3-3a^2x+b=f(x)$ とおくと，

$f'(x)=3x^2-3a^2=3(x+a)(x-a)$

極大値・極小値をとるのは，接線の傾きが0のときであるから，$f'(x)=0$ を解くと，$x=\pm a$

x	$\cdots$	$-\|a\|$	$\cdots$	$\|a\|$	$\cdots$
$f'(x)$	$+$	0	$-$	0	$+$
$f(x)$	↗	極大	↘	極小	↗

増減表より，極大値 $f(-|a|)=-|a|^3+3a^2|a|+b$

$=b+2|a|^3=2$ …①

極小値 $f(|a|)=b-2|a|^3=-2$ …②

①，②より，$|a|=1$，$b=0$

よって，$(a,\ b)=(\pm 1,\ 0)$ 答

Point

- 極大値・極小値をとる→接線の傾き＝0
- $|a|^2=a^2$ を用いて，$a>0$，$a<0$ の場合分けを節約することができます。

12-6 関数の最大・最小②

方程式 $2x^3+3x^2-12x+34-k=0$ が，相異なる3つの解を持つような k の範囲を求めよ。

解答目安時間 4分　難易度

解答

$2x^3+3x^2-12x+34-k=0$ が相異なる3つの解を持つとは，$y=2x^3+3x^2-12x+34-k=f(x)$ のグラフと $y=0$（x 軸）の共有点の x 座標が異なる3個存在するということである。

ここで $f'(x)=6x^2+6x-12=6(x+2)(x-1)$ なので $x=-2,\ 1$ で極値をとる。

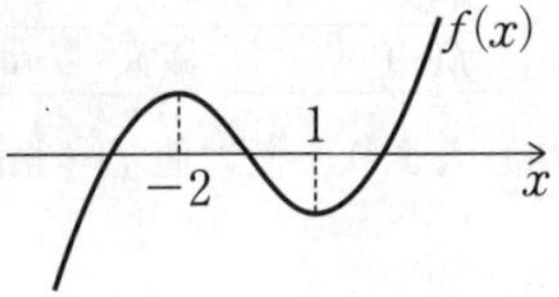

右図より，極大値 >0,
極小値 <0 であるから，

$$f(-2)\cdot f(1)<0$$

つまり，$(54-k)(27-k)<0$
となれば x 軸との共有点が異なる3個存在する。

よって，$\mathbf{27<k<54}$ 答

Point

▶ **3** 次関数が $\boldsymbol{x}$ 軸と異なる **3** つの交点をもつとき，
極大値$>$**0**，極小値$<$**0** であるので

極大値×極小値$<$**0** を解く

12-7 関数の最大・最小③

底面の半径 r，高さ h の円柱の体積を考える。$r+h$ を一定として最大の体積をもつ円柱の $\dfrac{r}{h}$ を求めよ。

解答目安時間 4分　難易度 

解答

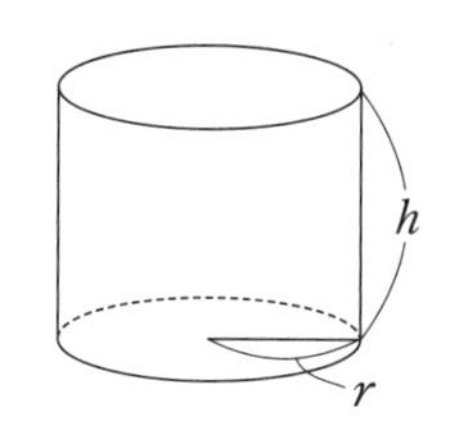

円柱の体積を V とおくと，

$V=\pi r^2 h$ …①

ここで $r+h=c$（定数）とおくと，

$h=c-r>0$ より，$0<r<c$

このとき①は，$V=\pi r^2(c-r)$

よって，$\dfrac{V}{\pi}=-r^3+cr^2=f(r)$ とおくと，$0<r<c$ で，

$f'(r)=-3r^2+2cr=-r(3r-2c)$

よって $r=\dfrac{2}{3}c$ のとき，V は最大となる。

r	(0)	…	$\frac{2}{3}c$	…	(c)
$f'(r)$		+	0	−	
$f(r)$	(0)	↗	極大	↘	(0)

このとき，

$h=c-r=\dfrac{1}{3}c$

よって，$\dfrac{r}{h}=\dfrac{\frac{2}{3}c}{\frac{1}{3}c}=\mathbf{2}$ 答

Point

▶ "$\boldsymbol{r+h}$ を一定"という条件は，一定値が不明記なので $\boldsymbol{r+h=c}$（定数）とおく。

12-8 関数の最大・最小④

1辺の長さaの正六角形の厚紙のおのおのの隅から同じ大きさの四角形を1つずつ切り落として折り曲げ，側面が底面と垂直な正六角柱の箱を作る。この箱の容積の最大値をaで表せ。

解答目安時間 5分　難易度

解答

右の展開図を考える。

底面の正六角形の一辺の長さをxとすると，この面積は1辺の長さxの正三角形が6個分と同じなので

$$底面積=\frac{1}{2}x\cdot x\cdot\sin60°\times6$$

$$=\frac{3\sqrt{3}}{2}x^2$$

正六角形柱の高さをyとすると，正六角形の厚紙の一辺の長さはaなので

$$x+\frac{1}{\sqrt{3}}y\times2=a$$

つまり $y=\dfrac{\sqrt{3}}{2}(a-x)$

よって，

容積 $V=\dfrac{3}{2}\sqrt{3}x^2\cdot y$

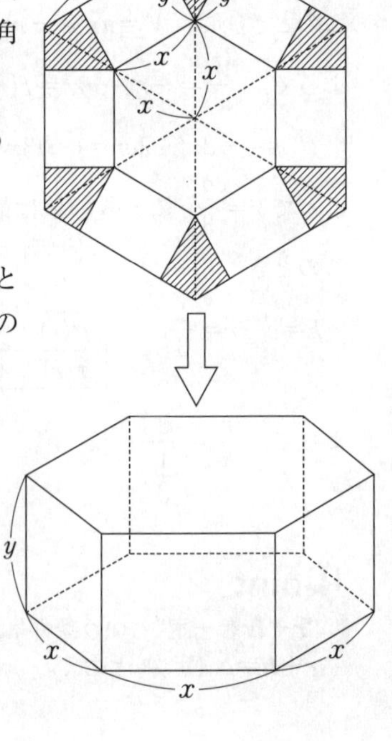

$$=\frac{3}{2}\sqrt{3}x^2\cdot\frac{\sqrt{3}}{2}(a-x)$$

$$=\frac{9}{4}(ax^2-x^3)\ (0<x<a)$$

$$V'=\frac{9}{4}(2ax-3x^2)=\frac{9}{4}x(2a-3x)$$

x	(0)	$\cdots$	$\frac{2}{3}a$	$\cdots$	(a)
V'		$+$	0	$-$	
V		↗		↘	

$x=\frac{2}{3}a$ で最大値 $V=\frac{9}{4}x^2(a-x)$

$$=\frac{9}{4}\left(\frac{2}{3}a\right)^2\left(a-\frac{2}{3}a\right)=\boldsymbol{\frac{1}{3}a^3}$$ 答

Point

▶ 与えられている **1** 辺の長さ $\boldsymbol{a}$ を用いて底面積や高さを表す。

12-9　関数の最大・最小⑤

球に内接する直円柱の体積の最大値を v とする。球の体積を V として，v を V で表せ。

解答目安時間　5分　　難易度 

解　答

右図のように球の半径を r，球に内接する直円柱の底面の半径を x，高さを $2y$ とおくと

$$\left.\begin{array}{l} x^2+y^2=r^2 \\ 0<y<r \end{array}\right\} \cdots ①$$

このときの直円柱の体積は，

$$2\pi x^2y=2\pi(r^2-y^2)\cdot y$$

（①より）

$$=2\pi(-y^3+r^2y)$$

$2\pi(-y^3+r^2y)=f(y)$ とおくと，

$$f'(y)=2\pi(-3y^2+r^2)$$

y	(0)	…	$\dfrac{r}{\sqrt{3}}$	…	(r)
$f'(y)$		＋	0	－	
$f(y)$		↗	極大	↘	

増減表より，直円柱の体積 v は，$y=\dfrac{r}{\sqrt{3}}$ のとき，最大となる。

よって，$v=2\pi\left(r^2-\frac{1}{3}r^2\right)\cdot\frac{r}{\sqrt{3}}=\frac{4\pi}{3\sqrt{3}}r^3$

ここで，球の体積 $V=\frac{4}{3}\pi r^3$ であるから，

$v=\boldsymbol{\frac{1}{\sqrt{3}}V}$ 答

Point

▶ 球の大きさが未定なので，球の半径を $\boldsymbol{r}$ などとおき，直円柱の変化する底面の半径や高さを $\boldsymbol{x}$ や $\boldsymbol{y}$ とおき，関係式を導く。

12-10 関数の最大・最小⑥

実数 x, y が円 $x^2+y^2=1$ の上を動くとき，次の関数の最大値を求めよ。

$$27x(y^2-2x-2)$$

解答

$x^2+y^2=1$ より，$y^2=1-x^2\geqq 0$

つまり，$-1\leqq x\leqq 1$

このとき，$f(x)=27x(y^2-2x-2)$ とおくと，

$$=27x(1-x^2-2x-2)$$

$$=27(-x^3-2x^2-x)$$

$-1\leqq x\leqq 1$ において，$f'(x)=27(-3x^2-4x-1)$

$$=-27(x+1)(3x+1)$$

x	-1	$\cdots$	$-\frac{1}{3}$	$\cdots$	1
$f'(x)$		$+$	0	$-$	
$f(x)$	0	↗	極大	↘	-108

よって，最大値 $f\left(-\frac{1}{3}\right)=\mathbf{4}$ 答

Point

▶ **2** 変数関数→**1** 変数関数にできるときは消去する文字の変域に注意する。

12-11 定積分の性質

2つの放物線 $y=2x^2-5x+5$，$y=-x^2+px+q$ は，点 (1，2) で交わる。関数 $f(x)$ を $0\leqq x\leqq 1$ で $f(x)=2x^2-5x+5$，$1\leqq x\leqq 2$ で $f(x)=-x^2+px+q$ とする。

$\int_0^2 f(x)dx=\frac{10}{3}$ となるとき，p，q の値を求めよ。

解答目安時間 4分　難易度 

解答

$$f(x)=\begin{cases}2x^2-5x+5 & (0\leqq x\leqq 1)\\ -x^2+px+q & (1\leqq x\leqq 2)\end{cases}$$

$f(1)=2$ であるから，

$-1+p+q=2$

$\Leftrightarrow\quad p+q=3\quad\cdots①$

このとき，

$$\int_0^2 f(x)dx$$

$$=\int_0^1(2x^2-5x+5)dx+\int_1^2(-x^2+px+q)dx$$

$$=\left[\frac{2}{3}x^3-\frac{5}{2}x^2+5x\right]_0^1+\left[-\frac{1}{3}x^3+\frac{p}{2}x^2+qx\right]_1^2$$

$$=\left(\frac{2}{3}-\frac{5}{2}+5\right)+\left[x\left(-\frac{1}{3}x^2+\frac{p}{2}x+q\right)\right]_1^2$$

$$=\frac{19}{6}+2\left(-\frac{4}{3}+p+q\right)-\left(-\frac{1}{3}+\frac{p}{2}+q\right)$$

① ①

$$=\frac{19}{6}+2\left(-\frac{4}{3}+3\right)-\left(-\frac{1}{3}+\frac{p}{2}+3-p\right)$$

$$=\frac{23}{6}+\frac{p}{2}=\frac{10}{3}$$

よって，$23+3p=20$ より，

$p=\mathbf{-1}$，$q=\mathbf{4}$ 答

Point

▶ 定積分

$F(x)$ は $f(x)$ の不定積分として

$$\int_a^b f(x)dx=[F(x)]_a^b=F(b)-F(a)$$

▶ $a<b<c$ のとき，$a \leqq x \leqq c$ において連続関数 $y=f(x)$ は

$$\int_a^b f(x)dx+\int_b^c f(x)dx=\int_a^c f(x)dx$$

を満たす。

12-12 定積分で表された関数

関数 $f(x)$ は次式を満たす。

$$f(x)=6x+\frac{2}{3}\int_0^1 f(x)dx$$

$f(x)$ を求めよ。

解答目安時間 3分　難易度

解答

$\frac{2}{3}\int_0^1 f(x)dx=C$ （C は定数）とおくと，このとき，

$$f(x)=6x+C \quad \cdots①$$

よって，$C=\frac{2}{3}\int_0^1 f(x)dx$

$$=\frac{2}{3}\int_0^1 (6x+C)dx \quad (①より)$$

$$=\frac{2}{3}\Big[3x^2+Cx\Big]_0^1$$

$$=\frac{2}{3}(3+C)$$

$$=2+\frac{2}{3}C$$

よって，$C=6$

したがって①より，$f(x)=\boldsymbol{6x+6}$ 答

Point

▶ **定積分を含む式（定数型）は a，b を定数として**

$\int_a^b f(x)dx=C$（定数）とおく。

12-13 面積①

放物線 $y=x^2-1$ と直線 $y=-x+1$ とで囲まれた図形の面積を求めよ。

解答目安時間 3分　難易度

解答

$$\begin{cases} y=x^2-1 \\ y=-x+1 \end{cases}$$ を連立して

$$x^2-1=-x+1$$
$$\Leftrightarrow \quad x^2+x-2=0$$
$$\Leftrightarrow \quad (x+2)(x-1)=0$$

よって，放物線と直線は $x=-2$，1 で共有点をもつ。

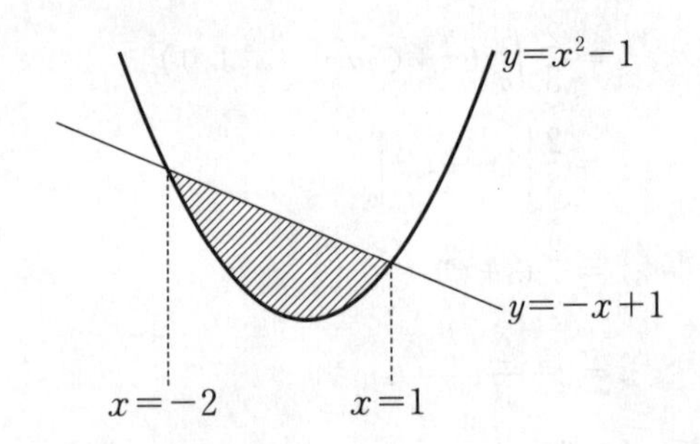

上図より求める面積は，

$$S=\int_{-2}^{1}\{(-x+1)-(x^2-1)\}dx$$
$$=-\int_{-2}^{1}(x+2)(x-1)dx$$
$$=-\left(-\frac{1}{6}\right)\{1-(-2)\}^3=\frac{3^3}{6}=\boldsymbol{\frac{9}{2}}$$ 答

積分の面積公式の証明

$$\int_{\alpha}^{\beta}(x-\alpha)(x-\beta)dx$$

$$=\int_{\alpha}^{\beta}(x-\alpha)(x-\alpha+\alpha-\beta)dx$$

$$=\int_{\alpha}^{\beta}\{(x-\alpha)^2-(\beta-\alpha)(x-\alpha)\}dx$$

$$=\left[\frac{(x-\alpha)^3}{3}-(\beta-\alpha)\frac{(x-\alpha)^2}{2}\right]_{\alpha}^{\beta}$$

$$=\frac{(\beta-\alpha)^3}{3}-\frac{(\beta-\alpha)^3}{2}$$

$$=-\frac{1}{6}(\beta-\alpha)^3$$

Point

▶ 積分の面積公式

$$\boxed{\int_{\alpha}^{\beta}(x-\alpha)(x-\beta)dx=-\frac{1}{6}(\beta-\alpha)^3}$$ は

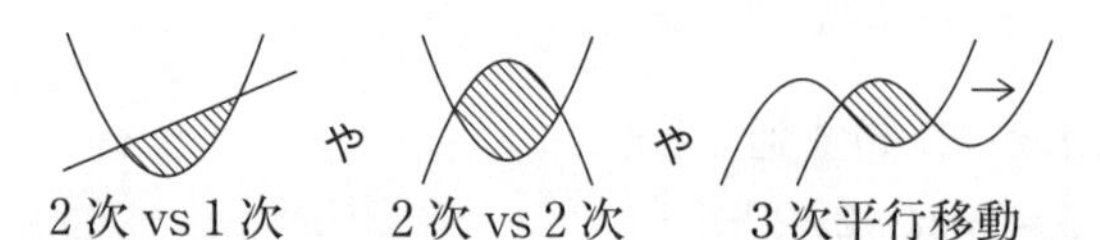

以上の**2**つの直線や曲線だけで囲まれる図形の面積を求めるときに有効である。

12-14　面積②

放物線 C を $y=-x^2+2x+1$ とする。点 $(2,\ 5)$ から C にひいた2本の接線と C とで囲まれる部分の面積を求めよ。

解答目安時間　5分　　難易度

解　答

$C:y=-x^2+2x+1$ 上の点 $(t,\ -t^2+2t+1)$ における接線は，$y'=-2x+2$ より，

$$y-(-t^2+2t+1)=(-2t+2)(x-t)$$

$$\Leftrightarrow \quad y=(-2t+2)x+t^2+1 \quad \cdots ①$$

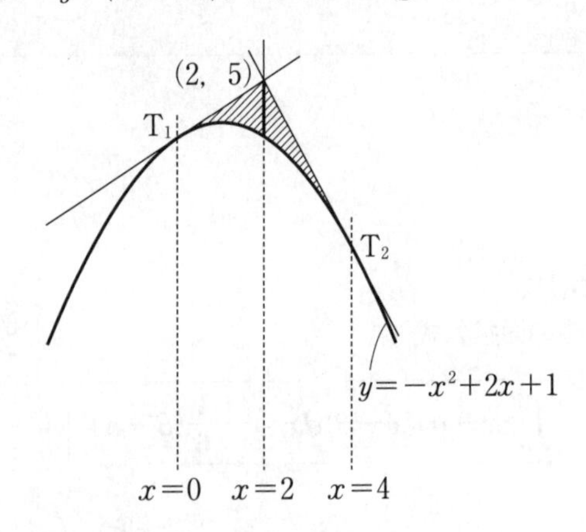

これが $(2,\ 5)$ を通るとき，

$$5=(-2t+2)\cdot 2+t^2+1$$

$$\Leftrightarrow \quad t^2-4t=0$$

$$\Leftrightarrow \quad t(t-4)=0 \text{ より，} t=0,\ 4$$

2 接点 $T_1(0,\ 1)$，$T_2(4,\ -7)$ とおくと，①より，

T_1 の接線は，$y=2x+1$

T_2 の接線は，$y=-6x+17$

よって前ページの図より，求める面積は，

$$\int_0^2\{(2x+1)-(-x^2+2x+1)\}dx$$
$$+\int_2^4\{(-6x+17)-(-x^2+2x+1)\}dx$$
$$=\int_0^2 x^2dx+\int_2^4(x-4)^2dx$$
$$=\left[\frac{1}{3}x^3\right]_0^2+\left[\frac{1}{3}(x-4)^3\right]_2^4$$
$$=\frac{8}{3}+\frac{8}{3}=\boldsymbol{\frac{16}{3}}$$ 答

Point

▶ $$\int(x+a)^n dx=\frac{(x+a)^{n+1}}{n+1}+C$$
（n は自然数，C は積分定数）

を用いる。

$$\int(ax+b)^n dx=a^n\int\left(x+\frac{b}{a}\right)^n dx$$
$$=a^n\frac{\left(x+\frac{b}{a}\right)^{n+1}}{n+1}+C$$
$$=\frac{(ax+b)^{n+1}}{(n+1)a}+C$$

これはよく使われている。

12-15 面積③

曲線 $y=1-x^2$ と x 軸で囲まれる領域の面積が，曲線 $y=2-ax^2$ $(a>0)$ と x 軸で囲まれる領域の面積に等しいとする。a を求めよ。

解答目安時間 4分　難易度 

解答

$y=1-x^2$ と x 軸で囲まれる面積 S_1 は，

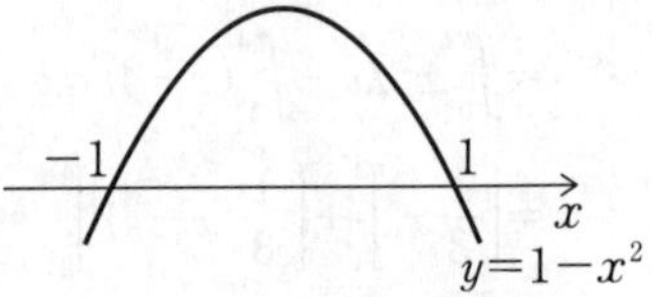

$$S_1=\int_{-1}^{1}(1-x^2)dx$$

$$=2\int_{0}^{1}(1-x^2)dx$$

$$=2\left[x-\frac{x^3}{3}\right]_0^1=\frac{4}{3}$$

$y=2-ax^2$ と x 軸で囲まれる面積 S_2 は，

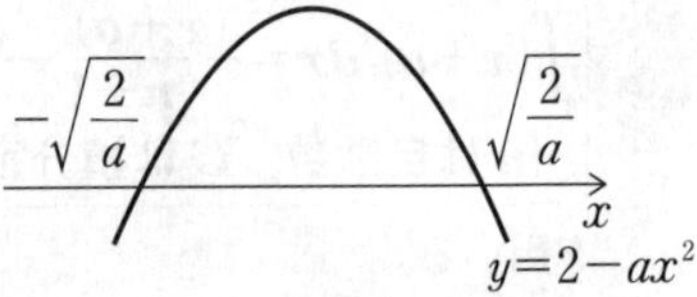

$$S_2=\int_{-\sqrt{\frac{2}{a}}}^{\sqrt{\frac{2}{a}}}(2-ax^2)dx$$

$$=2\int_{0}^{\sqrt{\frac{2}{a}}}(2-ax^2)dx$$

$$=2\left[2x-\frac{a}{3}x^3\right]_0^{\sqrt{\frac{2}{a}}}$$

$$=2\left(2\sqrt{\frac{2}{a}}-\frac{2}{3}\sqrt{\frac{2}{a}}\right)=\frac{8}{3}\sqrt{\frac{2}{a}}$$

$S_1=S_2$ より，$\frac{8}{3}\sqrt{\frac{2}{a}}=\frac{4}{3}$

これを解いて，$a=\mathbf{8}$ 答

別解

$y=1-x^2$ と x 軸で囲まれる面積 S_1 は,

$$S_1=\int_{-1}^{1}(1-x^2)dx$$
$$=-\int_{-1}^{1}(x+1)(x-1)dx$$
$$=-\left(-\frac{1}{6}\right)\{1-(-1)\}^3=\frac{8}{6}=\frac{4}{3}$$

$y=2-ax^2$ と x 軸で囲まれる面積 S_2 は,

$$S_2=\int_{-\sqrt{\frac{2}{a}}}^{\sqrt{\frac{2}{a}}}(2-ax^2)dx$$
$$=-a\int_{-\sqrt{\frac{2}{a}}}^{\sqrt{\frac{2}{a}}}\left(x^2-\frac{2}{a}\right)dx$$
$$=-a\int_{-\sqrt{\frac{2}{a}}}^{\sqrt{\frac{2}{a}}}\left(x+\sqrt{\frac{2}{a}}\right)\left(x-\sqrt{\frac{2}{a}}\right)dx$$
$$=-a\left(-\frac{1}{6}\right)\left\{\sqrt{\frac{2}{a}}-\left(-\sqrt{\frac{2}{a}}\right)\right\}^3$$
$$=\frac{a}{6}\left(2\sqrt{\frac{2}{a}}\right)^3=\frac{8a}{6}\cdot\frac{2}{a}\sqrt{\frac{2}{a}}=\frac{8}{3}\sqrt{\frac{2}{a}}$$

$S_1=S_2$ より, $\frac{8}{3}\sqrt{\frac{2}{a}}=\frac{4}{3}$

これを解いて, $a=\mathbf{8}$ 答

Point

▶ $\boldsymbol{f(x)=f(-x)}$ のとき,

$$\boxed{\int_{-a}^{a}f(x)dx=2\int_{0}^{a}f(x)dx}$$

12-16　面積④

曲線 $y=x^3+6x^2+16x-32$ を考える。$x=-4$ における接線を L とする。曲線と接線 L で囲まれる面積を求めよ。

解答目安時間　5分　　難易度

解　答

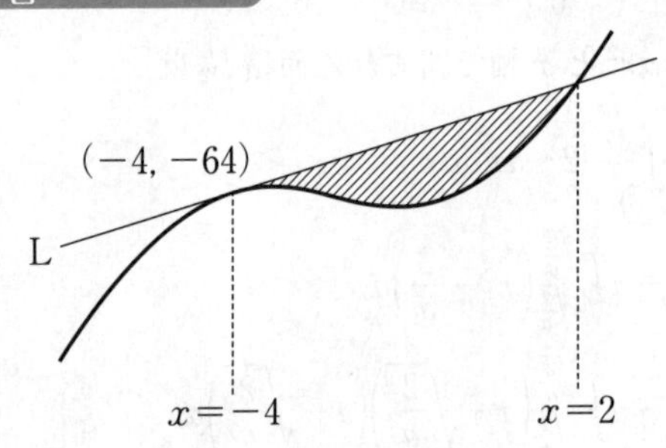

$y=x^3+6x^2+16x-32$ を微分すると，

$$y'=3x^2+12x+16$$

$x=-4$ において，$y=-64$，$y'=16$ より，$(-4,\ -64)$ における接線は

$$y-(-64)=16\{x-(-4)\}$$

$$\Leftrightarrow\quad y=16x$$

ここで $\begin{cases} y=x^3+6x^2+16x-32 \\ y=16x \end{cases}$

の共有点の x 座標は連立して

$$x^3+6x^2-32=0$$

$$\Leftrightarrow\quad (x+4)^2(x-2)=0$$

$$x=-4,\ 2$$

ここで，$x=2$ における接線の傾きは $y'=52>16$
（$x=-4$ の接線の傾き）なので，$-4 \leqq x \leqq 2$ において，
$16x \geqq x^3+6x^2+16x-32$

よって求める面積 S は，

$$S=\int_{-4}^{2}\{16x-(x^3+6x^2+16x-32)\}dx$$
$$=-\int_{-4}^{2}(x^3+6x^2-32)dx$$
$$=-\int_{-4}^{2}(x+4)^2(x-2)dx$$
$$=\frac{1}{12}\{2-(-4)\}^4=\frac{6^4}{12}=\mathbf{108}$$ 答

Point

▶ **3 次式とその接線（1 次式）で囲まれる面積 S は，$\alpha<\beta$ として**

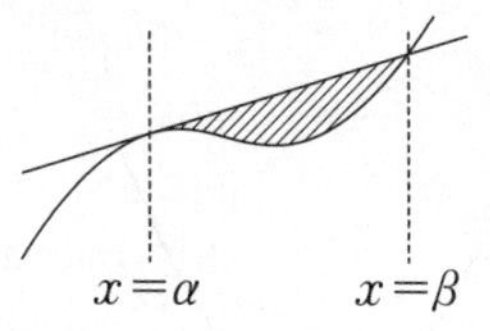

には，

$$\boldsymbol{S=-\int_{\alpha}^{\beta}(x-\alpha)^2(x-\beta)dx=\frac{1}{12}(\beta-\alpha)^4}$$

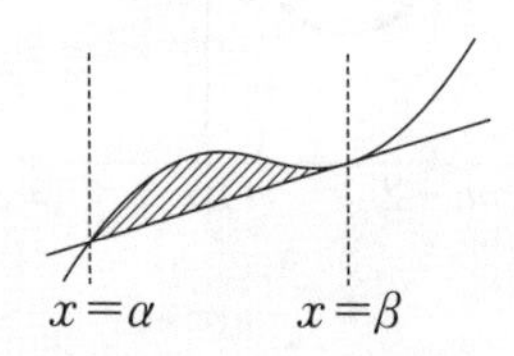

には，

$$\boldsymbol{S=\int_{\alpha}^{\beta}(x-\alpha)(x-\beta)^2dx=\frac{1}{12}(\beta-\alpha)^4}$$

12-17 面積⑤

放物線 $y=x^2+2x+3$ と y 軸の交点をPとする。Pを通り x 軸に平行な直線と放物線で囲まれた面積を，Pを通る直線で2等分する。この直線の傾きを求めよ。

解答目安時間 5分　難易度

解　答

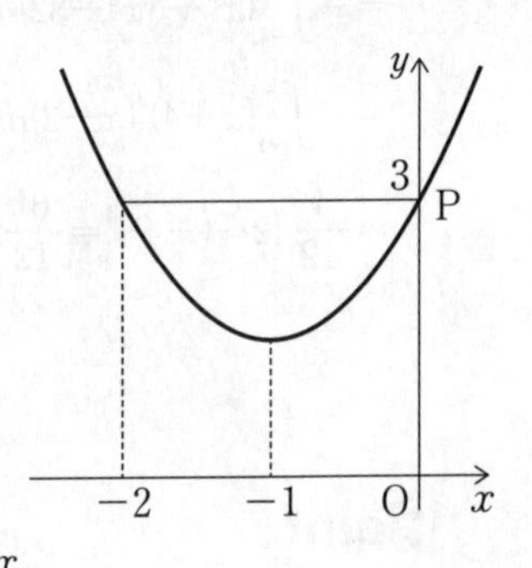

$y=x^2+2x+3=f(x)$ とおくと，$f(x)$ の y 切片は3なので，直線 $y=3$ と $f(x)$ の共有点の x 座標は

$x=-2,\ 0$

直線 $y=3$ と $f(x)$ で囲まれる面積 S は，

$$S=\int_{-2}^{0}\{3-(x^2+2x+3)\}dx$$

$$=-\int_{-2}^{0}x(x+2)dx$$

$$=-\left(-\frac{1}{6}\right)\{0-(-2)\}^3$$

$$=\frac{4}{3}$$

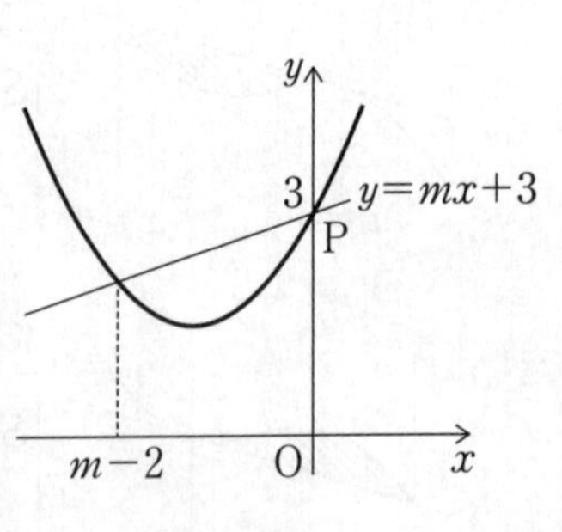

Pを通り，傾き m の直線と $f(x)$ の共有点の x 座標は，

$x^2+2x+3=mx+3$

$\Leftrightarrow\ \ x^2+(2-m)x=0$

$\Leftrightarrow\ \ x(x+2-m)=0$

$x=0,\ m-2$

よって，囲まれる面積 S は，

$$S=\int_{m-2}^{0}\{(mx+3)-(x^2+2x+3)\}dx$$

$$=-\int_{m-2}^{0}x(x+2-m)dx$$

$$=-\left(-\frac{1}{6}\right)\{0-(m-2)\}^3$$

$$=\frac{1}{6}(2-m)^3=\frac{4}{3}\times\frac{1}{2}$$

よって，$(2-m)^3=4$

$2-m=\sqrt[3]{4} \iff m=\mathbf{2-\sqrt[3]{4}}$ 答

Point

▶ 積分公式

$$\boldsymbol{\int_{\alpha}^{\beta}(x-\alpha)(x-\beta)dx=-\frac{1}{6}(\beta-\alpha)^3}$$

本問ではこの公式を，

$\boldsymbol{x(x+2-m)=(x-0)\{x-(m-2)\}}$

として利用している。

12-18 面積⑥

曲線 $y=ax^2+b\ (a>0)$ の上に点Pをとる。Pの x 座標は4である。Pにおける曲線の接線が y 軸と交わる点の y 座標は6である。曲線と接線および y 軸によって囲まれる部分の面積が4であるとき，a，b を求めよ。

解答目安時間 5分　難易度

解　答

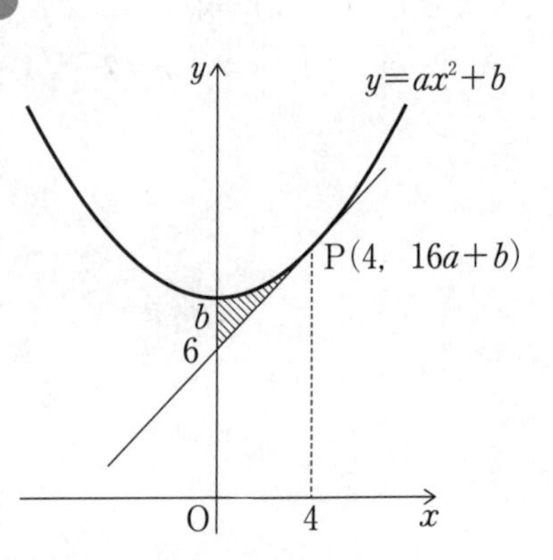

$y=ax^2+b$ を微分した $y'=2ax$ から，Pにおける接線の傾きは $8a$ である。

ここで，$(0,\ 6)$ と $\mathrm{P}(4,\ 16a+b)$ を結ぶ直線の傾きは

$$\frac{16a+b-6}{4-0}=8a$$

$\Leftrightarrow\ \ 16a+b-6=32a$

$b=16a+6\ \ \cdots①$

Pにおける接線は $y=8ax+6$ より，面積 S は，

$$S=\int_0^4\{(ax^2+b)-(8ax+6)\}dx$$

$$=\int_0^4(ax^2+16a+6-8ax-6)dx\quad (①より)$$

$$=a\int_0^4(x-4)^2dx=a\left[\frac{1}{3}(x-4)^3\right]_0^4=\frac{64}{3}a$$

この面積が4なので，これを解いて

$$a=\frac{\mathbf{3}}{\mathbf{16}},\ b=\mathbf{9}$$ （①より） 答

《注》 ①式を求めるところは次のようにしてもよい。

点 P$(4,\ 16a+b)$ における接線は，$y'=2ax$ より，

$y=8a(x-4)+16a+b$

$x=0$ のとき，$y=-16a+b$

ゆえに $b=16a+6$

Point

▶ 接線の傾きを**2**点間の傾きとおきかえて考えると計算が煩雑になりにくい。

12-19 面積⑦

2つの放物線を $C_1：y=x^2$，$C_2：y=x^2+3$ とする。また，C_2 と $x=2$ で接する直線を l_1，$x=3$ で接する直線を l_2 とする。C_1 と l_1 とによって囲まれた領域の面積を S_1 とし，C_1 と l_2 とによって囲まれた領域の面積を S_2 としたとき，$S_1：S_2$ を求めよ。

解答目安時間 5分　難易度

解答

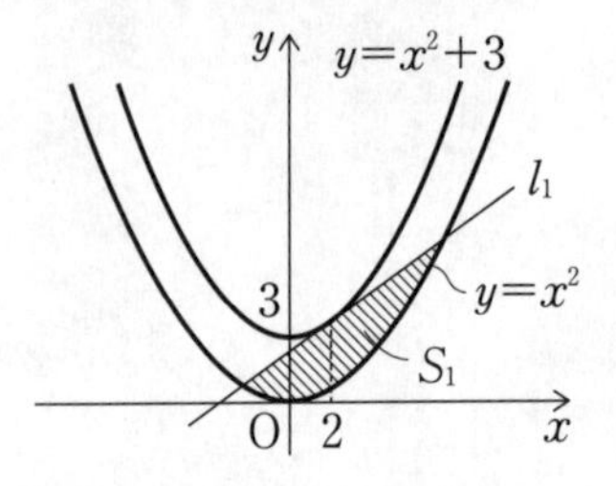

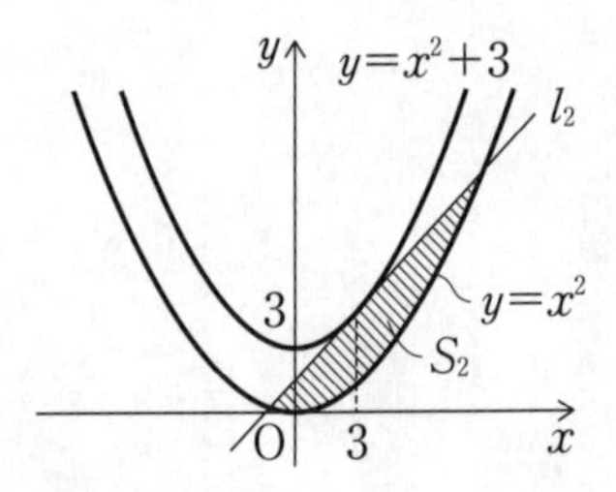

$y=x^2+3$ 上の点 $(t,\ t^2+3)$ における接線は $y'=2x$ より，

$$y-(t^2+3)=2t(x-t)$$

$$\Leftrightarrow \quad y=2tx-t^2+3 \quad \cdots ①$$

これと $y=x^2$ との交点は連立して

$$x^2=2tx-t^2+3$$

$$\Leftrightarrow \quad (x-t)^2=3$$

$$x=t\pm\sqrt{3}$$

よって，①と $y=x^2$ の囲まれる面積 S_1 は，

$$S_1=\int_{t-\sqrt{3}}^{t+\sqrt{3}}(2tx-t^2+3-x^2)dx$$

$$=-\int_{t-\sqrt{3}}^{t+\sqrt{3}}(x-t-\sqrt{3})(x-t+\sqrt{3})dx$$

$$=-\left(-\frac{1}{6}\right)\{(t+\sqrt{3})-(t-\sqrt{3})\}^3$$

$$=\frac{1}{6}(2\sqrt{3})^3=4\sqrt{3}\quad（一定）$$

S_1 は $t=2$, S_2 は $t=3$ のときであるが，t の値に無関係に

$S_1=S_2=4\sqrt{3}$ であるから，$S_1:S_2=\mathbf{1:1}$ 答

Point

▶ $\boldsymbol{S_1}$ と $\boldsymbol{S_2}$ は，$\boldsymbol{y=x^2+3}$ 上の接点のちがいだけであるから一般論として接点の $\boldsymbol{x=t}$ として計算をし，あとから $\boldsymbol{t=2}$，$\boldsymbol{3}$ を代入する。

▶ 積分公式を利用できる形に変形する。

12-20　面積⑧

放物線 $y=\dfrac{1}{3}x^2-1$ と直線 $y=\dfrac{8}{3}x-n$ とに囲まれる領域の面積が $\dfrac{32}{9}$ となるとき，n の値を求めよ。

解答目安時間　6分　　難易度 

解　答

$y=\dfrac{1}{3}x^2-1$ と $y=\dfrac{8}{3}x-n$

の共有点の x 座標を

α，β $(\alpha<\beta)$ とおくと，

$$\frac{1}{3}x^2-1=\frac{8}{3}x-n$$

よって，

$x^2-8x+3n-3=0$ の解が

$x=\alpha$，β であるから，

$y=\dfrac{1}{3}x^2-1$　$y=\dfrac{8}{3}x-n$　$\dfrac{32}{9}$　$x=\alpha$　$x=\beta$

$$x^2-8x+3n-3=(x-\alpha)(x-\beta)\quad\cdots①$$

と表すことができる。

$$面積\ S=\int_\alpha^\beta\left\{\left(\frac{8}{3}x-n\right)-\left(\frac{1}{3}x^2-1\right)\right\}dx$$

$$=-\frac{1}{3}\int_\alpha^\beta(x-\alpha)(x-\beta)dx\quad(①より)$$

$$=-\frac{1}{3}\left(-\frac{1}{6}\right)(\beta-\alpha)^3$$

$$=\frac{1}{18}(\beta-\alpha)^3\quad\cdots②$$

ところで，$x^2-8x+3n-3=0$ の2解が α, β であるから，

解の公式により，

$$\beta-\alpha=\frac{8+\sqrt{D}}{2}-\frac{8-\sqrt{D}}{2}$$

$=\sqrt{D}$ であるから，②より，

$$\frac{1}{18}\left(\sqrt{D}\right)^3=\frac{32}{9}$$

これを解いて，$\sqrt{D}=4 \iff D=16$

ここで，$\sqrt{D}=\sqrt{64-4(3n-3)}=\sqrt{76-12n}$ であるから，$76-12n=16$ を解いて，$n=\mathbf{5}$ 答

Point

▶ $y=f(x)$ と $y=g(x)$ の囲まれる面積 S は $f(x)=g(x)$ つまり $f(x)-g(x)=0$ の解を $x=\alpha,\ \beta\ (\alpha<\beta)$ とすると

$$S=\int_{\alpha}^{\beta}\{g(x)-f(x)\}dx$$

$$=-\int_{\alpha}^{\beta}\{f(x)-g(x)\}dx$$

▶ 2次方程式 $ax^2+bx+c=0$ の $x=\alpha,\ \beta$ として $\alpha<\beta$ のとき，$D=b^2-4ac$ として

$$\beta-\alpha=\frac{-b+\sqrt{D}}{2a}-\frac{-b-\sqrt{D}}{2a}\quad(\text{解の公式})$$

$=\dfrac{\sqrt{D}}{a}$ となる。

第13章 数　列

13-1 等差数列

(1) 等差数列 100, 92, 84, …の第何項が初めて負になるかを求めよ。

(2) 初項 -10, 公差 2, 末項 12 の等差数列の項数を求めよ。

解答目安時間 3分　難易度

解　答

(1) 初項 100, 公差 -8 の等差数列の一般項 a_n は,

$$a_n = a_1 + (n-1)(-8)$$
$$= 100 + (n-1)(-8)$$

これが負となるので, $-8n+108<0$ を解いて,

$n>13.5$ より, **第 14 項** 答

(2) 等差数列を a_n とおくと, 初項 -10, 公差 2 より,

$$a_n = a_1 + (n-1)\cdot 2$$
$$= -10 + (n-1)\cdot 2 = 2n-12$$

これが 12 となる項数は,

$$2n-12=12 \iff 2n=24$$

よって, $\boldsymbol{n=12}$ 答

Point

▶ 初項 $\boldsymbol{a_1}$, 公差 $\boldsymbol{d}$, の等差数列の一般項 $\boldsymbol{a_n}$ は

$$\boxed{\boldsymbol{a_n = a_1 + (n-1)d}}$$

13-2 等差数列の和①

初項から第 5 項までの和が 100，初項から第 10 項までの和が 150 である等差数列について，

(1) 初項と公差を求めよ。

(2) 初項から第 $5n$ 項までの和を求めよ。

解答目安時間 4 分　難易度

解　答

(1) $a_1+a_2+\cdots+a_5=\dfrac{(a_1+a_5)\cdot 5}{2}=100$

$\Leftrightarrow \quad a_1+a_5=40 \quad \cdots①$

$a_1+a_2+\cdots+a_{10}=\dfrac{(a_1+a_{10})\cdot 10}{2}=150$

$\Leftrightarrow \quad a_1+a_{10}=30 \quad \cdots②$

公差を d とすると，①，②は $\begin{cases} a_1+(a_1+4d)=40 \\ a_1+(a_1+9d)=30 \end{cases}$

これを解いて，$a_1=\mathbf{24}$，$d=\mathbf{-2}$　答

(2) $a_1+a_2+\cdots+a_{5n}=\dfrac{(a_1+a_{5n})\cdot 5n}{2}$

$=\dfrac{1}{2}\{a_1+a_1+(5n-1)d\}\cdot 5n$

$=\dfrac{1}{2}\{48+(5n-1)\cdot(-2)\}\cdot 5n$

$=(-5n+25)\cdot 5n=\boldsymbol{-25n^2+125n}$　答

Point

▶ 等差数列 $\{a_n\}$ の一般項 $\boldsymbol{a_n=a_1+(n-1)d}$ の和は

$$\boldsymbol{S_n=a_1+a_2+a_3+\cdots+a_n=\frac{(a_1+a_n)n}{2}}$$

13-3 等差数列の和②

等差数列 4, 7, 10, …の第 15 項から第 40 項までの和を求めよ。

解答目安時間 3 分　難易度

解答

$a_1=4$, 公差 3 の等差数列の一般項は,

$$a_n=4+(n-1)\cdot 3=3n+1$$

よって, $a_{15}=46$, $a_{40}=121$

a_{15}〜a_{40} の項数は $40-14=26$ 項なので求める和は,

$$\frac{(a_{15}+a_{40})\times 26}{2}=\frac{(46+121)\times 26}{2}$$

$$=\mathbf{2171}$$ 答

Point

等差数列 $\{a_n\}$ において

▶ $a_1+a_2+\cdots+a_n=\dfrac{(\text{初項}+\text{末項})\times\text{項数}}{2}$

▶ 整数 n, m に対して n〜m までの個数は,

$$m-(n-1)=m-n+1 \text{ (個)}$$

（$n-1$：n の 1 つ手前）

1, 2, 3…, $n-1$, | n, $n+1$, …m

不要 | 必要　イメージ

13-4 等比数列

等比数列 a_n の第3項が12，第5項が48であるとき，次の問いに答えよ。

(1) 初項と公比を求めよ。

(2) $a_1{}^2+a_2{}^2+\cdots\cdots+a_n{}^2$ を求めよ。

解答目安時間 3分　難易度

解　答

(1) 公比を r として，

$a_3=a_1r^2=12$ …①

$a_5=a_1r^4=48$ …②

$\dfrac{②}{①}$：$r^2=4$ より，$r=\pm\mathbf{2}$ 答

このとき，①より，$a_1=\mathbf{3}$ 答

(2) (1)より，$a_n=a_1r^{n-1}=3\cdot(\pm2)^{n-1}$

よって，$a_n{}^2=9\cdot4^{n-1}$

ここで，$a_1{}^2+a_2{}^2+a_3{}^2+\cdots+a_n{}^2$

$=9+9\cdot4+9\cdot4^2+\cdots+9\cdot4^{n-1}$

$=9\cdot\dfrac{(4^n-1)}{4-1}$ （初項9，公比4の等比数列の和）

$=\mathbf{3(4^n-1)}$ 答

Point

▶ 初項 $\boldsymbol{a_1}$，公比 $\boldsymbol{r}$ の等比数列の一般項 $\boxed{\boldsymbol{a_n=a_1r^{n-1}}}$

また和　$\boldsymbol{S_n=a_1+a_2+a_3+\cdots+a_n}$

$$=\boxed{\boldsymbol{\frac{a_1(r^n-1)}{r-1}=\frac{a_1(1-r^n)}{1-r}\quad(r\neq1)}}$$

13-5 等比数列の和

次の数列の和を求めよ。ただし，$ab \neq 0$ とする。

$$a^n,\ a^{n-1}b,\ a^{n-2}b^2,\ \cdots\cdots,\ ab^{n-1},\ b^n$$

解答目安時間 4分　難易度

解答

(i) $a \neq b$ のとき

a^n, $a^{n-1}b$, $a^{n-2}b^2$, $\cdots$, ab^{n-1}, b^n は，初項 a^n，公比 $\dfrac{b}{a}$ の等比数列である。この和は項数が $n+1$（個）であるので，

$$和=\frac{a^n\left\{1-\left(\dfrac{b}{a}\right)^{n+1}\right\}}{1-\dfrac{b}{a}}$$

分子，分母に a をかけて

$$=\frac{a^{n+1}\left\{1-\left(\dfrac{b}{a}\right)^{n+1}\right\}}{a-b}=\boldsymbol{\frac{a^{n+1}-b^{n+1}}{a-b}}$$ 答

(ii) $a=b$ のとき

和$=\boldsymbol{(n+1)a^n}$ 答

《注》 a^n, $\underbrace{a^n\dfrac{b}{a},\ a^n\dfrac{b^2}{a^2},\ \cdots,\ a^n\dfrac{b^n}{a^n}}_{n\text{個}}$

和の項数は $n+1$（個）である。

Point

▶ 公比が $\boldsymbol{\dfrac{b}{a}}$，項数が $\boldsymbol{n+1}$（個）であることに注意する。

13-6 Σと累乗和の公式①

次の和を求めよ。

(1) $\sum_{k=1}^{20}(3k-1)$　(2) $\sum_{k=1}^{n}(2k+3)$

(3) $\sum_{k=1}^{n}(2k^2-3)$　(4) $\sum_{k=1}^{n}(8k^3+1)$

解答目安時間 5分　難易度

解答

(1) $\sum_{k=1}^{20}(3k-1)=2+5+8+\cdots+59=\frac{(2+59)\cdot 20}{2}=\mathbf{610}$ 答

k の1次式は等差数列

(2) $\sum_{k=1}^{n}(2k+3)=5+7+\cdots+(2n+3)$

$=\frac{(5+2n+3)n}{2}=\boldsymbol{n(n+4)}$ 答

(3) $\sum_{k=1}^{n}(2k^2-3)=2\sum_{k=1}^{n}k^2-3\sum_{k=1}^{n}1=2\cdot\frac{1}{6}n(n+1)(2n+1)-3n$

$=\boldsymbol{\frac{1}{3}n(2n^2+3n-8)}$ 答

(4) $\sum_{k=1}^{n}(8k^3+1)=8\sum_{k=1}^{n}k^3+\sum_{k=1}^{n}1=8\left\{\frac{1}{2}n(n+1)\right\}^2+n$

$=2n^2(n+1)^2+n=\boldsymbol{2n^4+4n^3+2n^2+n}$ 答

Point

▶ $\boldsymbol{\sum_{k=1}^{n}(ak+b)=\frac{\{(a+b)+(an+b)\}n}{2}}$

k の1次式は等差数列　$\boldsymbol{\frac{(a_1+a_n)n}{2}}$ の公式

▶ $\boldsymbol{\sum_{k=1}^{n}k^2=\frac{1}{6}n(n+1)(2n+1)}$, $\boldsymbol{\sum_{k=1}^{n}k^3=\left\{\frac{1}{2}n(n+1)\right\}^2}$

13-7　Σと累乗和の公式②

次の数列の初項から第 n 項までの和を，Σを用いて表し，その和を求めよ。

(1)　$2\cdot3,\ 3\cdot4,\ 4\cdot5,\ 5\cdot6,\ \cdots\cdots$

(2)　$2^2,\ 4^2,\ 6^2,\ 8^2,\ \cdots\cdots$

解答目安時間　4分　　難易度

解　答

(1)　第 n 項 a_n は，$a_n=(n+1)(n+2)$ と表すことができるから，

$$\sum_{k=1}^{n}a_k=\sum_{k=1}^{n}(k+1)(k+2)$$

$$=\sum_{k=1}^{n}(k^2+3k+2)$$

$$=\sum_{k=1}^{n}k^2+\sum_{k=1}^{n}(3k+2)$$

← 1次式は等差数列

$$=\frac{1}{6}n(n+1)(2n+1)+\frac{(5+3n+2)n}{2}$$

$$=\frac{1}{6}n(n+1)(2n+1)+\frac{1}{2}n(3n+7)$$

$$=\frac{1}{6}n\{(n+1)(2n+1)+3(3n+7)\}$$

$$=\frac{1}{6}n(2n^2+12n+22)$$

$$=\boldsymbol{\frac{1}{3}n(n^2+6n+11)}$$ 答

(2) 第 n 項 a_n は，$a_n=(2n)^2$ と表すことができるから，

$$\sum_{k=1}^{n} a_k=\sum_{k=1}^{n}(2k)^2$$

$$=4\sum_{k=1}^{n}k^2$$

$$=4\cdot\frac{1}{6}n(n+1)(2n+1)$$

$$=\boldsymbol{\frac{2}{3}n(n+1)(2n+1)}$$ 答

Point

▶ Σの基本性質

1. $\sum_{k=1}^{n} ca_k=c\sum_{k=1}^{n} a_k$ （c は定数）
2. $\sum_{k=1}^{n}(a_k\pm b_k)=\sum_{k=1}^{n} a_k\pm\sum_{k=1}^{n} b_k$ （複号同順）
3. $\sum_{k=1}^{n} c=\underbrace{c+c+\cdots+c}_{n\text{個}}=cn$ （c は定数）
4. $\sum_{k=1}^{n} k=1+2+\cdots+n=\frac{1}{2}n(n+1)$
5. $\sum_{k=1}^{n} k^2=\frac{1}{6}n(n+1)(2n+1)$
6. $\sum_{k=1}^{n} k^3=\frac{1}{4}n^2(n+1)^2$

13-8 階差数列

次の数列の一般項を階差数列を利用して求めよ。

(1) 1, 3, 7, 13, 21, ……

(2) 1, 3, 7, 15, 31, 63, ……

(3) 1, 2, 5, 12, 27, 58, ……

解答目安時間 4分　難易度

解答

(1)

$$\begin{array}{lccccccccc} a_n: & 1, & & 3, & & 7, & & 13, & & 21\cdots \\ & & \vee & & \vee & & \vee & & \vee & \\ \text{階差数列 } b_n: & & 2 & & 4 & & 6 & & 8 & \cdots \end{array}$$

$b_n=a_{n+1}-a_n=2n$ であるから,

$$a_n=a_1+\sum_{k=1}^{n-1}(a_{k+1}-a_k) \quad (n \geqq 2)$$

$$=1+\sum_{k=1}^{n-1}2k=1+2\cdot\frac{1}{2}(n-1)n=n^2-n+1$$

これは $n=1$ のときも満たすので

$\boldsymbol{a_n=n^2-n+1}$ 答

(2)

$$\begin{array}{lccccccccccc} a_n: & 1, & & 3, & & 7, & & 15 & & 31, & & 63\cdots \\ & & \vee & & \vee & & \vee & & \vee & & \vee & \\ \text{階差数列 } b_n: & & 2 & & 4 & & 8 & & 16 & & 32 & \cdots \end{array}$$

$b_n=a_{n+1}-a_n=2^n$ であるから,

$$a_n=a_1+\sum_{k=1}^{n-1}(a_{k+1}-a_k)=1+\sum_{k=1}^{n-1}2^k$$

$$=1+\frac{2(2^{n-1}-1)}{2-1}=2^n-1$$

これは $n=1$ のときも満たすので

$\boldsymbol{a_n=2^n-1}$ 答

(3)
a_n：1， 2， 5， 12 27， 58 …

　　　∨　∨　∨　∨　∨

階差数列 b_n：　1　3　7　15　31　…

(2)より，$b_n=2^n-1$ であるから，

$$a_n=a_1+\sum_{k=1}^{n-1}(a_{n+1}-a_n)$$

$$=1+\sum_{k=1}^{n-1}(2^n-1)$$

$$=1+\frac{2(2^{n-1}-1)}{2-1}-(n-1)$$

$$=2^n-n$$

これは $n=1$ のときも満たすので

$a_n=\boldsymbol{2^n-n}$ 答

Point

▶ 階差数列

$\boldsymbol{a_1}$，　$\boldsymbol{a_2}$，　$\boldsymbol{a_3}$，　$\boldsymbol{a_4}$，　$\boldsymbol{a_5}$ … $\boldsymbol{a_n}$，　$\boldsymbol{a_{n+1}}$ …

　∨　∨　∨　∨　　∨

階差数列　$\boldsymbol{b_1}$　$\boldsymbol{b_2}$　$\boldsymbol{b_3}$　$\boldsymbol{b_4}$　…　$\boldsymbol{b_n}$

のとき，

$$\boldsymbol{a_n=a_1+\sum_{k=1}^{n-1}b_k\ (n\geqq 2)}$$

$$\boldsymbol{=a_1+\sum_{k=1}^{n-1}(a_{k+1}-a_k)}$$

$\boldsymbol{n=1}$ のときのチェックを忘れずに行う。

13-9　和から一般項を求める

初項から第 n 項までの和 S_n が次の式で与えられる数列の一般項を求めよ。

(1)　$S_n=n^2+2n$　　(2)　$S_n=n^3+1$

(3)　$S_n=2^n+1$

解答目安時間　4分　　難易度 

解　答

一般項を a_n とする。

(1)　$a_1=S_1=1^2+2\cdot1=3$

$n\geqq2$ で,

$$a_n=S_n-S_{n-1}=n^2+2n-\{(n-1)^2+2(n-1)\}$$
$$=2n+1$$

これは $n=1$ のとき, $a_1=S_1=3$ となり, $n=1$ を満たす。

よって, $a_n=\mathbf{2n+1}$　答

(2)　$a_1=S_1=1^3+1=2$

$n\geqq2$ で,

$$a_n=S_n-S_{n-1}=n^3+1-\{(n-1)^3+1\}=3n^2-3n+1$$

これは $n=1$ のとき, $a_1=S_1=1$ となり, $n=1$ を満たさない。

よって, $a_n=\begin{cases}\mathbf{2} & (n=1)\\ \mathbf{3n^2-3n+1} & (n\geqq2)\end{cases}$　答

(3)　$a_1=S_1=2^1+1=3$

$n\geqq2$ で,

$$a_n=S_n-S_{n-1}=(2^n+1)-(2^{n-1}+1)$$
$$=2^{n-1}\cdot(2-1)=2^{n-1}$$

これは $n=1$ のとき，$a_1=S_1=1$ となり，$n=1$ を満たさない。

よって，$a_n=\begin{cases} \mathbf{3} & (n=1) \\ \mathbf{2^{n-1}} & (n \geqq 2) \end{cases}$ 答

Point

▶ **和→一般項の求め方**

$S_n=a_1+a_2+\cdots+a_n$ のとき，
和から一般項を求めるには，

$$\left.\begin{array}{ll} a_1=S_1 & (n=1) \\ a_n=S_n-S_{n-1} & (n \geqq 2) \end{array}\right\} \text{で場合分け}$$

13-10 漸化式の解法①

次の関係式で定義される数列 $\{a_n\}$ の一般項を求めよ。

(1) $a_1=1,\ a_{n+1}=2a_n$

(2) $a_1=1,\ a_{n+1}=a_n+2n-1$

(3) $a_1=2,\ a_{n+1}=a_n+3^n$

解答目安時間 5分　難易度

解答

(1) a_n は初項1，公比2の等比数列であるから，

$$a_n=1\cdot 2^{n-1}=2^{n-1}$$

よって，$a_n=\mathbf{2^{n-1}}$ 答

(2) $a_{n+1}=a_n+2n-1 \iff a_{n+1}-a_n=2n-1$ …①

これは $\{a_n\}$ の階差数列を表すので，

$$a_n=a_1+\sum_{k=1}^{n-1}(a_{k+1}-a_k)$$

$$=1+\sum_{k=1}^{n-1}(2k-1) \quad (①より)$$

1次式は等差数列

$$=1+\frac{\{1+2(n-1)-1\}(n-1)}{2}$$

$$=1+(n-1)^2$$

$$=n^2-2n+2$$

イメージ　等差数列の和の公式 $S_n=\dfrac{(a_1+a_n)n}{2}$

これは $n=1$ のとき，$a_1=1$ となり，$n=1$ も満たす。

よって，$a_n=\boldsymbol{n^2-2n+2}$ 答

(3) $a_{n+1}=a_n+3^n \iff a_{n+1}-a_n=3^n$ …②

これは $\{a_n\}$ の階差数列を表すので

$$a_n=a_1+\sum_{k=1}^{n-1}(a_{k+1}-a_k)$$

$$=2+\sum_{k=1}^{n-1}3^k \quad (②より)$$

$$=2+\frac{3(3^{n-1}-1)}{3-1}$$

$$=\frac{1}{2}(3^n+1)$$

これは $n=1$ のとき，$a_1=2$ となり，$n=1$ も満たす。

よって，$a_n=\boldsymbol{\frac{1}{2}(3^n+1)}$ 答

Point

▶ $\boldsymbol{a_{n+1}-a_n=b_n}$ は，$\{\boldsymbol{a_n}\}$ の階差数列を表している。

このとき，$\boldsymbol{a_n=a_1+\sum_{k=1}^{n-1}(a_{k+1}-a_k)}$

$$\boldsymbol{=a_1+\sum_{k=1}^{n-1}b_k}$$

$\boldsymbol{n=1}$ のチェックを必ず行うことに注意。

13-11　漸化式の解法②

次の関係式で定義される数列 $\{a_n\}$ の一般項を求めよ。

(1)　$a_1=2$，$a_{n+1}=2a_n+3$

(2)　$a_1=0$，$3a_{n+1}=2a_n-1$

解答目安時間　4分　　難易度

解　答

(1)　$a_{n+1}=2a_n+3$ を等比数列化するために

$x=2x+3$ と連立して

$$\begin{array}{rr} & a_{n+1}=2a_n+3 \\ -) & x=2x+3 \\ \hline & a_{n+1}-x=2(a_n-x) \end{array}$$

ここで $x=-3$ であるから，上式は

$a_{n+1}+3=2(a_n+3)$　…①

①は，$\{a_n+3\}$ が公比 2 の等比数列を表すから，

$a_n+3=(a_1+3)\cdot 2^{n-1}$

よって，$\boldsymbol{a_n=5\cdot 2^{n-1}-3}$　($a_1=2$ より)　答

(2)　$3a_{n+1}=2a_n-1$ を等比数列化するために

$3x=2x-1$ と連立して

$$\begin{array}{rr} & 3a_{n+1}=2a_n-1 \\ -) & 3x=2x-1 \\ \hline & 3(a_{n+1}-x)=2(a_n-x) \end{array}$$

ここで $x=-1$ であるから，上式は

$a_{n+1}+1=\dfrac{2}{3}(a_n+1)$　…②

②は，$\{a_n+1\}$ が公比 $\frac{2}{3}$ の等比数列を表すから

$$a_n+1=(a_1+1)\left(\frac{2}{3}\right)^{n-1}$$

$$a_n=\left(\frac{2}{3}\right)^{n-1}-1 \quad (a_1=0\ より)$$ 答

Point

▶ 直線型漸化式の解法

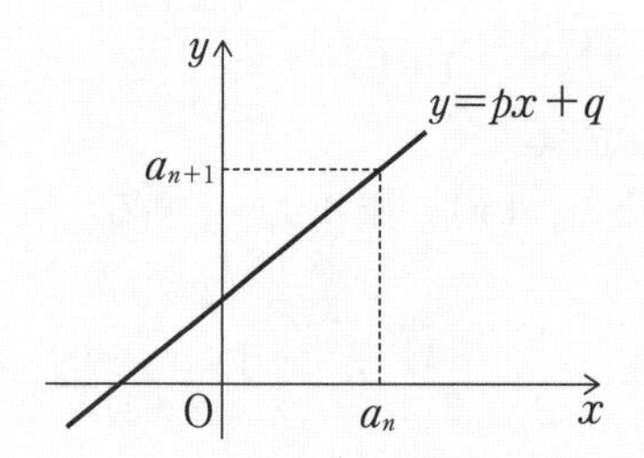

$\boldsymbol{a_{n+1}=pa_n+q}$ は，$\boldsymbol{y=px+q}$（直線型）と呼ばれ，
$\boldsymbol{a_{n+1}=pa_n+q}$ は方程式 $\boldsymbol{x=px+q}$ と連立して

$$\begin{array}{rr} & a_{n+1}=pa_n+q \\ -) & x=px+q \\ \hline & a_{n+1}-x=p(a_n-x) \end{array}$$

ここで，$\boldsymbol{a_n-x=b_n}$ とおくと，
$\boldsymbol{b_{n+1}=pb_n}$ と表すことができる。
よって，$\{\boldsymbol{b_n}\}$ は公比 $\boldsymbol{p}$ の等比数列となる。

13-12 数学的帰納法

n が自然数のとき，次の等式が成り立つことを数学的帰納法を用いて証明せよ。

$$\frac{1}{1\cdot 2}+\frac{1}{2\cdot 3}+\frac{1}{3\cdot 4}+\cdots+\frac{1}{n(n+1)}=\frac{n}{n+1}$$

解答目安時間 4分　難易度

解答

$$\frac{1}{1\cdot 2}+\frac{1}{2\cdot 3}+\frac{1}{3\cdot 4}+\cdots+\frac{1}{n(n+1)}=\frac{n}{n+1} \quad \cdots(*)$$

(i)　$n=1$ のとき，

$$\begin{cases}(*)\text{の左辺}=\dfrac{1}{1\cdot 2}=\dfrac{1}{2}\\ (*)\text{の右辺}=\dfrac{1}{1+1}=\dfrac{1}{2}\end{cases}$$

となり成り立つ。

(ii)　$n=k$ のとき，$(*)$ が成り立つとする。

すなわち，

$$\frac{1}{1\cdot 2}+\frac{1}{2\cdot 3}+\frac{1}{3\cdot 4}+\cdots+\frac{1}{k(k+1)}=\frac{k}{k+1}$$

が成り立つとき，$n=k+1$ では

$$\frac{1}{1\cdot 2}+\frac{1}{2\cdot 3}+\frac{1}{3\cdot 4}+\cdots+\frac{1}{k(k+1)}+\frac{1}{(k+1)(k+2)}$$

$$=\frac{k}{k+1}+\frac{1}{(k+1)(k+2)}$$

$$=\frac{1}{k+1}\left(k+\frac{1}{k+2}\right)$$

$$=\frac{1}{k+1}\cdot\frac{k(k+2)+1}{k+2}$$

$$=\frac{1}{k+1}\cdot\frac{(k+1)^2}{k+2}$$

$$=\frac{k+1}{k+2}$$ となり，$n=k+1$ のときも成り立つ。

(i)(ii)より，**すべての n で＊は成り立つ。** 答

Point

▶ 数学的帰納法

自然数 n に関する命題を証明するとき，

(1)　$\boldsymbol{n=1}$ のとき成り立つことを示す。 (2)　$\boldsymbol{n=k}$ のとき成り立つことを仮定して $\boldsymbol{n=k+1}$ のときも成り立つことを示す。

第14章 ベクトル

14-1 ベクトルの定義

平行四辺形 ABCD において，$\overrightarrow{AB}=\vec{a}$，$\overrightarrow{AD}=\vec{b}$ とする。このとき，次のベクトルを $\vec{a}$，$\vec{b}$ を用いて表せ。

(1) $\overrightarrow{BC}$　　(2) $\overrightarrow{CD}$

(3) $\overrightarrow{AC}+\overrightarrow{CB}$　　(4) $\overrightarrow{DB}-\overrightarrow{CB}$

(5) $\overrightarrow{AC}$　　(6) $\overrightarrow{BD}$

解答目安時間 2分　　難易度

解答

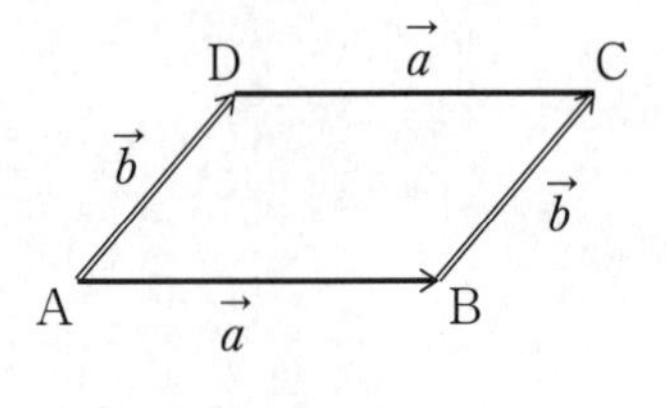

(1) $\overrightarrow{BC}=\vec{b}$ 答

(2) $\overrightarrow{CD}=-\overrightarrow{AB}=-\vec{a}$ 答

(3) $\overrightarrow{AC}+\overrightarrow{CB}=\overrightarrow{AB}=\vec{a}$ 答

同じ

(4) $\overrightarrow{DB}-\overrightarrow{CB}=\overrightarrow{DB}+\overrightarrow{BC}=\overrightarrow{DC}=\vec{a}$ 答

同じ

(5) $\overrightarrow{AC}=\overrightarrow{AB}+\overrightarrow{BC}$ （図から）

同じ

$=\vec{a}+\vec{b}$ 答

(6) $\overrightarrow{BD}=\overrightarrow{BA}+\overrightarrow{AD}$ （図から）

同じ

$=-\vec{a}+\vec{b}$ 答

日常に使われる数学用語

下のポイントでも触れているように，ベクトルは「向きと大きさだけで定まる量」のことです。ところでこのベクトルという言葉は日常会話でもときどき登場します。例えば

「私は会社と同じベクトルで行動している」

「私と彼とでは考え方のベクトルが違う」

などなど。どうやら，「方向」という意味のみで定着しているようです。数学的な意味はどこへ？？？

また，第６章で扱った「確率」についてもよくこんな使われ方をします。

「来週の懇親会に参加できる？」

「たぶん大丈夫。行ける確率は 80 パーセントくらいかな」

この会話に違和感をおぼえない方もいらっしゃるかもしれませんが，これは厳密に言えば，確率というより感覚的な確率的表現なんですよね。

Point

- ベクトルとは向きと大きさだけで定まる量のこと。
- 同じ向き，同じ大きさであれば同じベクトルになるので，本問は

  $\overrightarrow{\mathbf{AB}}=\overrightarrow{\mathbf{DC}}=\vec{a}$，$\overrightarrow{\mathbf{AD}}=\overrightarrow{\mathbf{BC}}=\vec{b}$

  さらに $\overrightarrow{\mathbf{AB}}+\overrightarrow{\mathbf{BC}}=\overrightarrow{\mathbf{AC}}$

  ＋はつなげるという意味。

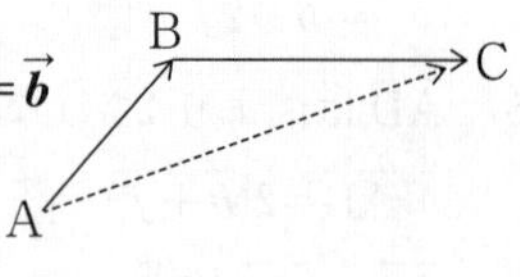

B
C
A

14-2 ベクトルの基本①

Oを中心とする正六角形ABCDEFにおいて，

$\overrightarrow{AB}=\vec{b}$，$\overrightarrow{AF}=\vec{f}$

とする。このとき，次のベクトルを$\vec{b}$，$\vec{f}$を用いて表せ。

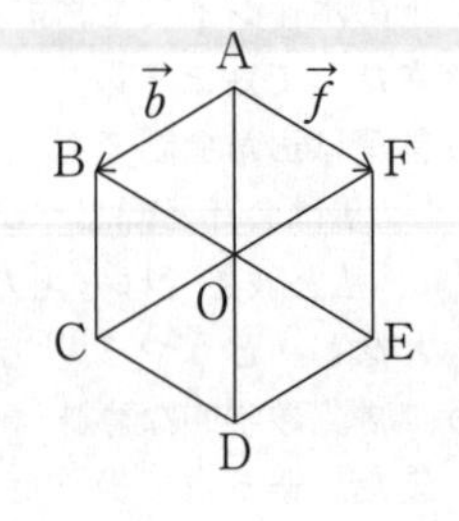

(1) $\overrightarrow{ED}$　　(2) $\overrightarrow{AO}$

(3) $\overrightarrow{FB}$　　(4) $\overrightarrow{AE}$

(5) $\overrightarrow{AD}$　　(6) $\overrightarrow{BE}$

解答目安時間 2分　難易度

解　答

$\overrightarrow{AB}=\overrightarrow{FO}=\overrightarrow{OC}=\overrightarrow{ED}=\vec{b}$

$\overrightarrow{AF}=\overrightarrow{BO}=\overrightarrow{OE}=\overrightarrow{CD}=\vec{f}$

に注意する。

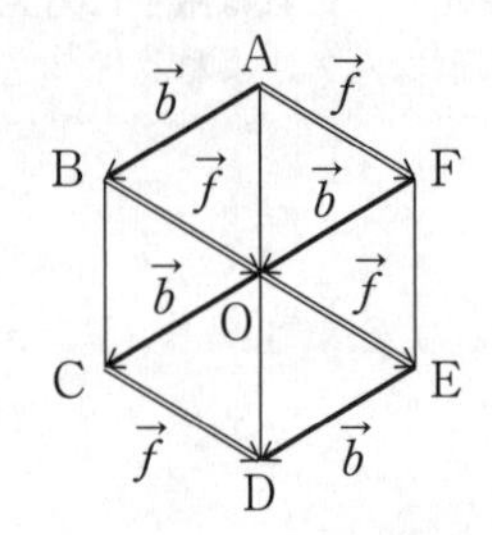

(1) $\overrightarrow{ED}=\boldsymbol{\vec{b}}$ 答

(2) $\overrightarrow{AO}=\overrightarrow{AB}+\overrightarrow{BO}$

$=\boldsymbol{\vec{b}+\vec{f}}$ 答

(3) $\overrightarrow{FB}=\overrightarrow{FA}+\overrightarrow{AB}$

$=\boldsymbol{-\vec{f}+\vec{b}}$ 答

(4) $\overrightarrow{AE}=\overrightarrow{AB}+\overrightarrow{BO}+\overrightarrow{OE}$

$=\boldsymbol{\vec{b}+2\vec{f}}$ 答

(5) $\overrightarrow{AD}$は図より$2\overrightarrow{AO}$なので，これと(2)より，

$\overrightarrow{AD}=\boldsymbol{2(\vec{b}+\vec{f})}$ 答

(6) $\overrightarrow{BE}=2\overrightarrow{BO}=\boldsymbol{2\vec{f}}$ 答

《注》 $\overrightarrow{○□} = ○△ + △□$

同じ

$\overrightarrow{○□} = ○△ + △☆ + ☆□$

同じ　同じ

ベクトルは始点と終点をそろえて"つなげる"イメージ。

例えば(4)の $\overrightarrow{\mathrm{AE}}$ は，解答のように

$\overrightarrow{\mathrm{AE}} = \overrightarrow{\mathrm{AB}} + \overrightarrow{\mathrm{BO}} + \overrightarrow{\mathrm{OE}} = \vec{b} + 2\vec{f}$

と表しても

$\overrightarrow{\mathrm{AE}} = \overrightarrow{\mathrm{AO}} + \overrightarrow{\mathrm{OE}} = \vec{b} + \vec{f} + \vec{f}$

$\overrightarrow{\mathrm{AE}} = \overrightarrow{\mathrm{AO}} + \overrightarrow{\mathrm{OD}} + \overrightarrow{\mathrm{DE}} = 2(\vec{b} + \vec{f}) - \vec{b}$

$\overrightarrow{\mathrm{AE}} = \overrightarrow{\mathrm{AF}} + \overrightarrow{\mathrm{FO}} + \overrightarrow{\mathrm{OE}} = \vec{f} + \vec{b} + \vec{f}$

と表しても答えは同じである。

Point

▶ 正六角形は正三角形 **6** 個分であり対角線が各辺に平行であることに注意する。

14-3 ベクトルの基本②

平行六面体 ABCD－EFGH において，$\overrightarrow{AB}=\vec{a}$，$\overrightarrow{AD}=\vec{b}$，$\overrightarrow{AE}=\vec{c}$ とする。

辺 AE，EF，BF，EH の中点を P，Q，R，S とするとき，次のベクトルを $\vec{a}$，$\vec{b}$，$\vec{c}$ で表せ。

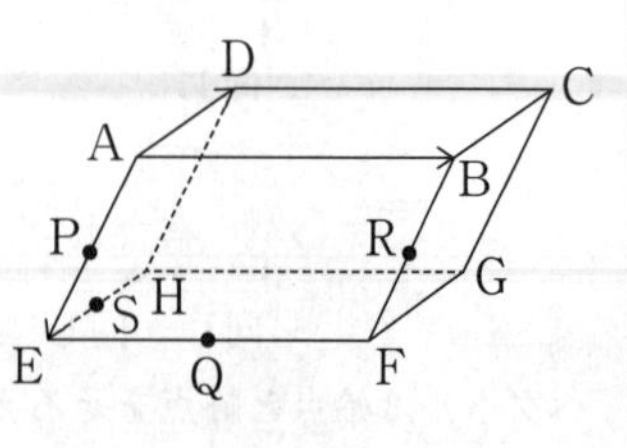

(1) $\overrightarrow{PR}$　(2) $\overrightarrow{QS}$　(3) $\overrightarrow{PS}$

(4) $\overrightarrow{QP}$　(5) $\overrightarrow{RQ}$　(6) $\overrightarrow{SR}$

解答目安時間 3分　難易度

解答

$\overrightarrow{AB}=\overrightarrow{EF}=\overrightarrow{HG}=\overrightarrow{DC}=\vec{a}$

$\overrightarrow{AD}=\overrightarrow{BC}=\overrightarrow{FG}=\overrightarrow{EH}=\vec{b}$

$\overrightarrow{AE}=\overrightarrow{BF}=\overrightarrow{CG}=\overrightarrow{DH}=\vec{c}$

に注意する。

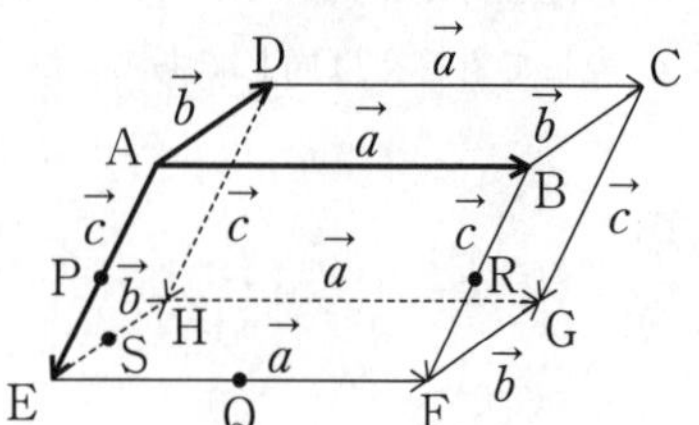

(1) $\overrightarrow{PR}=\overrightarrow{AB}=\boldsymbol{\vec{a}}$ 答

(2) $\overrightarrow{QS}=\overrightarrow{QE}+\overrightarrow{ES}=-\dfrac{1}{2}\boldsymbol{\vec{a}}+\dfrac{1}{2}\boldsymbol{\vec{b}}$ 答

(3) $\overrightarrow{PS}=\overrightarrow{PE}+\overrightarrow{ES}=\dfrac{1}{2}\boldsymbol{\vec{c}}+\dfrac{1}{2}\boldsymbol{\vec{b}}$ 答

(4) $\overrightarrow{QP}=\overrightarrow{QE}+\overrightarrow{EP}=-\dfrac{1}{2}\boldsymbol{\vec{a}}-\dfrac{1}{2}\boldsymbol{\vec{c}}$ 答

(5) $\overrightarrow{RQ}=\overrightarrow{RF}+\overrightarrow{FQ}=\dfrac{1}{2}\boldsymbol{\vec{c}}-\dfrac{1}{2}\boldsymbol{\vec{a}}$ 答

(6) $\overrightarrow{SR}=\overrightarrow{SE}+\overrightarrow{EF}+\overrightarrow{FR}=-\frac{1}{2}\vec{b}+\vec{a}-\frac{1}{2}\vec{c}$ 答

《注》 P, Q, R, Sがそれぞれ辺AE, EF, BF, EHの中点であるから，(2)～(5)は

$$\overrightarrow{QS}=\frac{1}{2}\overrightarrow{FH},\ \overrightarrow{PS}=\frac{1}{2}\overrightarrow{AH}$$

$$\overrightarrow{QP}=\frac{1}{2}\overrightarrow{FA},\ \overrightarrow{RQ}=\frac{1}{2}\overrightarrow{BE}$$

としても計算できる。

Point

- 平行六面体のベクトルは
  ベクトルをつなぐ発想でいく。
- $\overrightarrow{AB}+\overrightarrow{BC}=\overrightarrow{AC}$
  和はつなげるの意味
  $\overrightarrow{BC}=\overrightarrow{AC}-\overrightarrow{AB}$
  差は1つのベクトルを2つに分けることができる

14-4　分点公式

平行四辺形 ABCD の対角線 BD を 3 等分する点を B の方から P，Q とし，

$\overrightarrow{AB}=\vec{a}$，$\overrightarrow{AD}=\vec{b}$ とするとき，次の問いに答えよ。

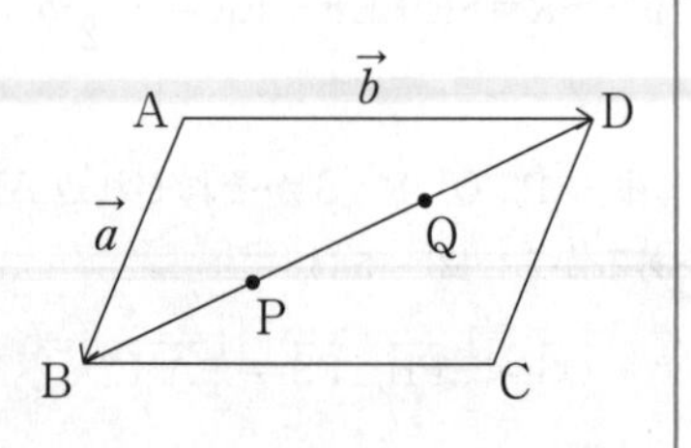

(1)　$\overrightarrow{AC}$，$\overrightarrow{AP}$，$\overrightarrow{AQ}$ を $\vec{a}$，$\vec{b}$ を用いて表せ。

(2)　四角形 APCQ は平行四辺形であることを証明せよ。

解答目安時間　2 分　　難易度

解　答

$\overrightarrow{AB}=\overrightarrow{DC}=\vec{a}$

$\overrightarrow{AD}=\overrightarrow{BC}=\vec{b}$

に注意して分点公式より，

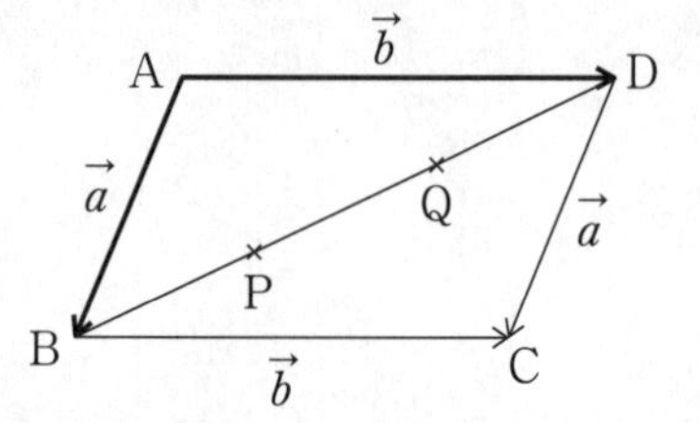

(1)　$\overrightarrow{AC}=\overrightarrow{AB}+\overrightarrow{BC}$

$=\boldsymbol{\vec{a}+\vec{b}}$　答

$$\overrightarrow{AP}=\frac{2\overrightarrow{AB}+1\overrightarrow{AD}}{3}=\boldsymbol{\frac{1}{3}(2\vec{a}+\vec{b})}$$　答

$$\overrightarrow{AQ}=\frac{1\overrightarrow{AB}+2\overrightarrow{AD}}{3}=\boldsymbol{\frac{1}{3}(\vec{a}+2\vec{b})}$$　答

(2) (1)より，$\overrightarrow{QC}$ は，

$$\overrightarrow{QC}=\overrightarrow{AC}-\overrightarrow{AQ}=\vec{a}+\vec{b}-\frac{1}{3}(\vec{a}+2\vec{b})$$

$$=\frac{1}{3}(2\vec{a}+\vec{b})$$

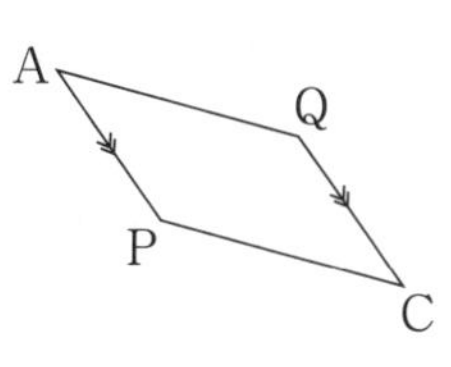

これが $\overrightarrow{AP}$ と同一ベクトルとなるので，**APCQ は平行四辺形** になる。 答

Point

▶ 分点公式

・内分点

線分 **AB** を $\boldsymbol{m}:\boldsymbol{n}$ の比に内分する点を **P** とすると，

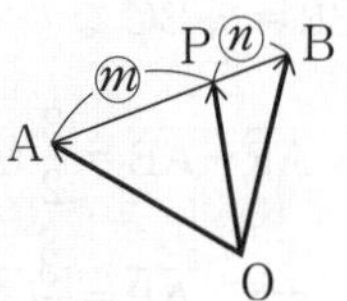

$$\overrightarrow{\mathbf{OP}}=\frac{n\overrightarrow{\mathbf{OA}}+m\overrightarrow{\mathbf{OB}}}{m+n}$$

特に，線分 **AB** の中点を **M** とすると，

$$\overrightarrow{\mathbf{OM}}=\frac{\overrightarrow{\mathbf{OA}}+\overrightarrow{\mathbf{OB}}}{2}\quad\text{(中点公式)}$$

・外分点

線分 **AB** を $\boldsymbol{m}:\boldsymbol{n}$ の比に外分する点を **P** とすると，

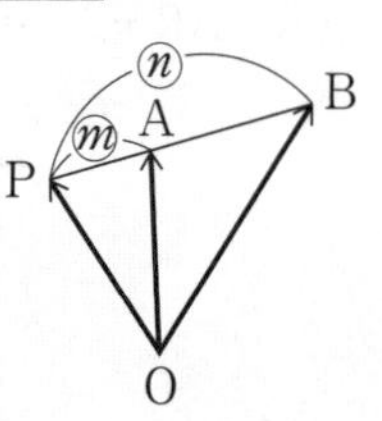

$$\overrightarrow{\mathbf{OP}}=\frac{-n\overrightarrow{\mathbf{OA}}+m\overrightarrow{\mathbf{OB}}}{m-n}$$

($\boldsymbol{m}$:($-\boldsymbol{n}$)に内分のイメージ)

14-5 共線条件

△ABC の辺 AB を 2：3 の比に内分する点を P，辺 BC を 3：1 の比に外分する点を R，辺 CA を 1：2 の比に内分する点を Q とするとき，3 点 P，Q，R は 1 直線上にあることを示せ。

解答目安時間 3分　難易度 

解答

始点を A として

$$\overrightarrow{AP}=\frac{2}{5}\overrightarrow{AB} \quad \cdots①$$

$$\overrightarrow{AQ}=\frac{2}{3}\overrightarrow{AC} \quad \cdots②$$

$\overrightarrow{BR}=\frac{3}{2}\overrightarrow{BC}$ なので，

$$\overrightarrow{AR}-\overrightarrow{AB}=\frac{3}{2}(\overrightarrow{AC}-\overrightarrow{AB})$$

$$\Leftrightarrow \quad \overrightarrow{AR}=\frac{3}{2}\overrightarrow{AC}-\frac{1}{2}\overrightarrow{AB} \quad \cdots③$$

$$\overrightarrow{PQ}=\overrightarrow{AQ}-\overrightarrow{AP}=\frac{2}{3}\overrightarrow{AC}-\frac{2}{5}\overrightarrow{AB} \quad \cdots④$$

$$\overrightarrow{PR}=\overrightarrow{AR}-\overrightarrow{AP}=\frac{3}{2}\overrightarrow{AC}-\frac{1}{2}\overrightarrow{AB}-\frac{2}{5}\overrightarrow{AB}$$

$$=\frac{3}{2}\overrightarrow{AC}-\frac{9}{10}\overrightarrow{AB} \quad \cdots⑤$$

④，⑤より，$\overrightarrow{PR}=\frac{9}{4}\overrightarrow{PQ}$ であるから，**P，Q，R は 1 直線上にある。** 答

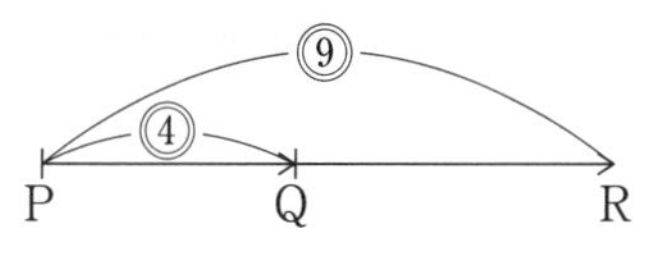

補足

この問題は，「メネラウスの定理の逆」を用いて幾何的に処理することができる。

$$\frac{AP}{PB}\cdot\frac{BR}{RC}\cdot\frac{CQ}{QA}$$
$$=\frac{2}{3}\cdot\frac{3}{1}\cdot\frac{1}{2}=1$$

であるから，メネラウスの定理の逆により，3 点 P，Q，R は一直線上にある。

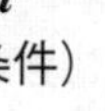

▶ **P，Q，R が一直線上にあることを示すには**
$\overrightarrow{PR}=\frac{b}{a}\overrightarrow{PQ}$ を示す。
(共線条件)

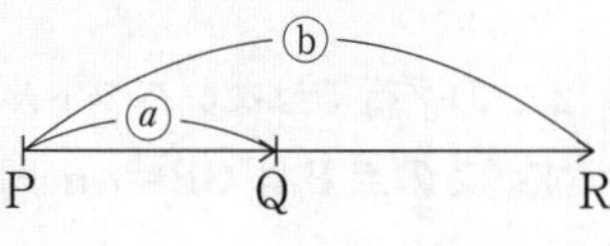

14-6 ベクトル方程式①

$\vec{a}=(-1,\ 1)$, $\vec{b}=(1,\ 2)$ とするとき，ベクトル $(2,\ 3)$ を $\vec{a}$, $\vec{b}$ を用いて表せ。

解答目安時間 2分　難易度

解　答

$\vec{a}=(-1,\ 1)$, $\vec{b}=(1,\ 2)$ は $\vec{a} \nparallel \vec{b}$ であるから，

$\begin{pmatrix}2\\3\end{pmatrix}=\alpha\vec{a}+\beta\vec{b}$ と表すことができる。

つまり，$\begin{pmatrix}2\\3\end{pmatrix}=\alpha\begin{pmatrix}-1\\1\end{pmatrix}+\beta\begin{pmatrix}1\\2\end{pmatrix}$

そこで，$\begin{cases}2=-\alpha+\beta\\3=\alpha+2\beta\end{cases}$ を解いて，

$(\alpha,\ \beta)=\left(-\dfrac{1}{3},\ \dfrac{5}{3}\right)$

よって，$(2,\ 3)=-\dfrac{1}{3}\vec{a}+\dfrac{5}{3}\vec{b}$ **答**

Point

▶ ベクトル $\vec{p}=(x,\ y)$ を，$\vec{p}=\begin{pmatrix}x\\y\end{pmatrix}$ と表すこともできる。$\vec{p}=(x,\ y)$ を行ベクトル，$\vec{p}=\begin{pmatrix}x\\y\end{pmatrix}$ を列ベクトルという。

▶ **2つの平行ではないベクトル $\vec{a}$, $\vec{b}$ によって平面上のすべての点Pは $\overrightarrow{OP}=\alpha\vec{a}+\beta\vec{b}$ と表すことができる。**

14-7 ベクトル方程式②

$\triangle$ABCの辺AB，ACの中点を，それぞれM，Nとする。

$$\overrightarrow{AP}=s\overrightarrow{AB}+t\overrightarrow{AC},\ \ s+t=\frac{1}{2},\ \ s\geqq 0,\ \ t\geqq 0$$

とするとき，点Pは線分MN上にあることを示せ。

解答目安時間 3分　難易度 

解答

$$\overrightarrow{AM}=\frac{1}{2}\overrightarrow{AB},\ \ \overrightarrow{AN}=\frac{1}{2}\overrightarrow{AC}$$

であるから，

$$\overrightarrow{AB}=2\overrightarrow{AM},\ \ \overrightarrow{AC}=2\overrightarrow{AN}$$

このとき，

$$\begin{aligned}\overrightarrow{AP}&=s\overrightarrow{AB}+t\overrightarrow{AC}\\&=\left(\frac{1}{2}-t\right)\cdot 2\overrightarrow{AM}+t\cdot 2\overrightarrow{AN}\\&=\overrightarrow{AM}+2t(\overrightarrow{AN}-\overrightarrow{AM})=\overrightarrow{AM}+2t\cdot\overrightarrow{MN}\quad\cdots①\end{aligned}$$

ここで　$s+t\geqq\frac{1}{2}$，$s\geqq 0$，$t\geqq 0$ から，$0\leqq 2t\leqq 1$　…②

①，②より，**Pは線分MN上にある。** 答

Point

▶ ***s*，*t* の関係式から，*t* のみの式を作る。**

$$\overrightarrow{\mathbf{AP}}=\underbrace{\overrightarrow{\mathbf{AM}}}_{Ⓐ}\underbrace{+}_{Ⓘ}2t\underbrace{\overrightarrow{\mathbf{MN}}}_{Ⓤ}$$

（Ⓐ＝あ，Ⓘ＝い，Ⓤ＝う）

Ⓐ **A** から **M** へ　Ⓤ $\overrightarrow{\mathbf{MN}}$ の向きへ　Ⓘ つなげる
ベクトルの意味を使うと容易に説明できる。

14-8 ベクトル方程式③

(1) △ABC と点 P がある。点 P が

$$\overrightarrow{PA}+\overrightarrow{PB}+\overrightarrow{PC}=\overrightarrow{AB}$$

を満たすとき，P はどのような位置にあるか。

(2) △ABC において，辺 AB の中点を M とする。

$$\overrightarrow{AP}=s\overrightarrow{AB}+t\overrightarrow{AC}$$

を満たす点 P が直線 MC 上にあるための s, t の満たすべき条件を求めよ。

解答目安時間 5分　難易度 

解　答

(1) $\overrightarrow{PA}+\overrightarrow{PB}+\overrightarrow{PC}=\overrightarrow{AB}$ の始点を A にすると

$(-\overrightarrow{AP})+(\overrightarrow{AB}-\overrightarrow{AP})+(\overrightarrow{AC}-\overrightarrow{AP})=\overrightarrow{AB}$

よって，$\overrightarrow{AP}=\frac{1}{3}\overrightarrow{AC}$

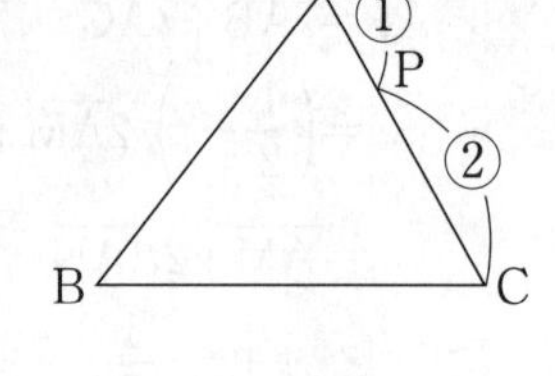

つまり，P は，**線分 AC を 1：2 に内分した点** 答

である。

(2) P が直線 MC 上にあるとき，

$\overrightarrow{CP}=k\overrightarrow{CM}$ とおける（k：定数）

始点を A にすると，

$\overrightarrow{AP}-\overrightarrow{AC}=k(\overrightarrow{AM}-\overrightarrow{AC})$

与式を代入して

$(s\overrightarrow{AB}+t\overrightarrow{AC})-\overrightarrow{AC}$

$=k\left(\frac{1}{2}\overrightarrow{AB}-\overrightarrow{AC}\right)$

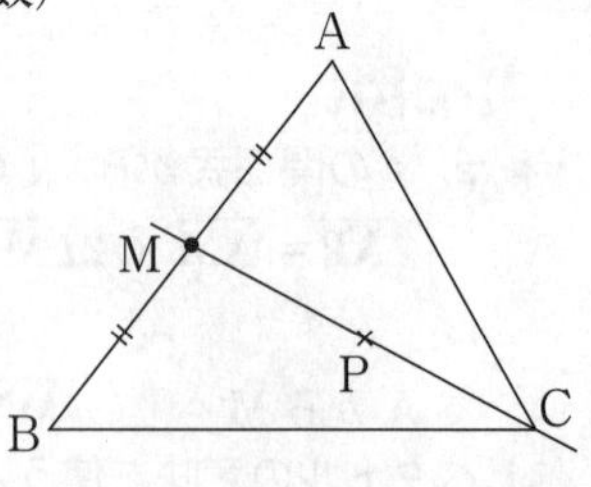

$\Leftrightarrow \quad s\overrightarrow{AB}+(t-1)\overrightarrow{AC}=\frac{k}{2}\overrightarrow{AB}-k\overrightarrow{AC}$

$\overrightarrow{AB}$ と $\overrightarrow{AC}$ は一次独立であるから

$$\begin{cases} s=\frac{k}{2} \\ t-1=-k \end{cases}$$

ここから k を消去して，

$t-1=-2s \quad \Leftrightarrow \quad \boldsymbol{2s+t=1}$ 答

Point

▶ **2** つの平行ではないベクトル $\overrightarrow{\mathbf{AB}}$ と $\overrightarrow{\mathbf{AC}}$ によって

$$\overrightarrow{\mathbf{AP}}=\begin{cases} \boldsymbol{s}\overrightarrow{\mathbf{AB}}+\boldsymbol{t}\overrightarrow{\mathbf{AC}} \\ \boldsymbol{p}\overrightarrow{\mathbf{AB}}+\boldsymbol{q}\overrightarrow{\mathbf{AC}} \end{cases}$$

と表すことができるとき，

$\boldsymbol{s=p}$，$\boldsymbol{t=q}$ が成り立つ。

▶ $\overrightarrow{\mathbf{AB}} \not\parallel \overrightarrow{\mathbf{AC}}$ かつ

$\overrightarrow{\mathbf{AB}} \neq \vec{\mathbf{0}}$，$\overrightarrow{\mathbf{AC}} \neq \vec{\mathbf{0}}$ を，

$\overrightarrow{\mathbf{AB}}$ と $\overrightarrow{\mathbf{AC}}$ は一次独立であるという。

数学では“一次”にはまっすぐという意味がある。

A
B
P
C

14-9 ベクトルの内積

$|\vec{a}|=2$, $|\vec{b}|=3$, $\vec{a}$ と $\vec{b}$ のなす角が $60°$ のとき，次の問いに答えよ。

(1) $\vec{a}\cdot\vec{b}$ を求めよ。 (2) $(\vec{a}+\vec{b})\cdot(\vec{a}-2\vec{b})$ を求めよ。

(3) $|\vec{a}+2\vec{b}|$を求めよ。

解答目安時間 3分　難易度

解　答

(1) $\vec{a}\cdot\vec{b}=|\vec{a}||\vec{b}|\cos 60°=2\cdot 3\cdot \frac{1}{2}=\mathbf{3}$ 答

(2) $(\vec{a}+\vec{b})\cdot(\vec{a}-2\vec{b})=|\vec{a}|^2-\vec{a}\cdot\vec{b}-2|\vec{b}|^2$

$=2^2-3-2\cdot 3^2=\mathbf{-17}$ 答

(3) $|\vec{a}+2\vec{b}|^2=(\vec{a}+2\vec{b})\cdot(\vec{a}+2\vec{b})$

$=|\vec{a}|^2+4\vec{a}\cdot\vec{b}+4|\vec{b}|^2$

$=2^2+4\cdot 3+4\cdot 3^2=52$

よって，$|\vec{a}+2\vec{b}|=\sqrt{52}=\mathbf{2\sqrt{13}}$ 答

Point

▶ ベクトルの内積

・定義 $\boldsymbol{\vec{a}\cdot\vec{b}=|\vec{a}||\vec{b}|\cos\theta}$

（ただし $\boldsymbol{\theta}$ は　$\mathbf{0}\leqq\boldsymbol{\theta}\leqq\pi$）

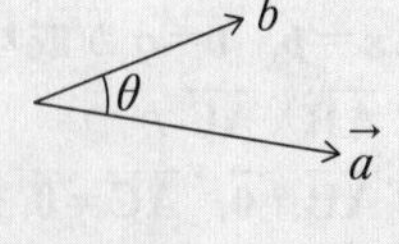

・計算のルール

① $\boldsymbol{\vec{a}\cdot\vec{a}=|\vec{a}|^2}$

② $\boldsymbol{\vec{a}\cdot(\vec{a}-2\vec{b}+3\vec{c})}$

$\boldsymbol{=|\vec{a}|^2-2\vec{a}\cdot\vec{b}+3\vec{a}\cdot\vec{c}}$ 　分配法則が使える

14-10 内積の成分計算

次の条件を満たす実数 x, y の値を求めよ。

(i) $\vec{a}=(x,\ 1)$, $\vec{b}=(2,\ 1)$, $\vec{a}\cdot\vec{b}=2$

(ii) $\vec{a}=(x,\ 2)$, $\vec{b}=(1,\ y)$, $\vec{a}\cdot\vec{b}=1$, $|\vec{a}|=2\sqrt{2}$

解答目安時間 3分　難易度

解答

(i) $\vec{a}\cdot\vec{b}=\begin{pmatrix}x\\1\end{pmatrix}\cdot\begin{pmatrix}2\\1\end{pmatrix}=2x+1=2$ より, $x=\mathbf{\frac{1}{2}}$ 答

(ii) $\vec{a}\cdot\vec{b}=\begin{pmatrix}x\\2\end{pmatrix}\cdot\begin{pmatrix}1\\y\end{pmatrix}=x+2y=1$ …①

また, $|\vec{a}|=2\sqrt{2}$ から,

$|(x,\ 2)|=\sqrt{x^2+2^2}=\sqrt{x^2+4}=\sqrt{8}$

よって, $x=\pm2$

これと①より,

$y=\frac{1}{2}(1-x)=\frac{1}{2}\{1-(\pm2)\}=-\frac{1}{2},\ \frac{3}{2}$

よって $(x,\ y)=\left(\mathbf{2,\ -\frac{1}{2}}\right),\ \left(\mathbf{-2,\ \frac{3}{2}}\right)$ 答

Point

▶ 内積の成分計算

$\vec{p}=(a,\ b)$　$\vec{q}=(x,\ y)$ とするとき

$$\vec{p}\cdot\vec{q}=\begin{pmatrix}a\\b\end{pmatrix}\cdot\begin{pmatrix}x\\y\end{pmatrix}=ax+by$$

14-11 単位ベクトル

$\vec{a}=(3,\ 1)$，$\vec{b}=(1,\ 2)$ のとき，2つのベクトル $\vec{a}-x\vec{b}$ と $2\vec{a}+\vec{b}$ が垂直になるような x の値を求め，$\vec{a}-x\vec{b}$ と同じ向きの単位ベクトルを求めよ。

解答目安時間 3分　難易度

解　答

$$\vec{a}-x\vec{b}=\begin{pmatrix}3\\1\end{pmatrix}-x\begin{pmatrix}1\\2\end{pmatrix}=\begin{pmatrix}3-x\\1-2x\end{pmatrix}$$

$$2\vec{a}+\vec{b}=2\begin{pmatrix}3\\1\end{pmatrix}+\begin{pmatrix}1\\2\end{pmatrix}=\begin{pmatrix}7\\4\end{pmatrix}$$

2つのベクトルが垂直であるから，

$$(\vec{a}-x\vec{b})\cdot(2\vec{a}+\vec{b})=\begin{pmatrix}3-x\\1-2x\end{pmatrix}\cdot\begin{pmatrix}7\\4\end{pmatrix}=0$$

$$\Leftrightarrow\quad 7(3-x)+4(1-2x)=0$$
$$\Leftrightarrow\quad -15x+25=0$$

よって，$\boldsymbol{x=\frac{5}{3}}$ 答

このとき，$\vec{a}-x\vec{b}$ は

$$\vec{a}-x\vec{b}=\begin{pmatrix}3\\1\end{pmatrix}-\frac{5}{3}\begin{pmatrix}1\\2\end{pmatrix}=\begin{pmatrix}\frac{4}{3}\\-\frac{7}{3}\end{pmatrix}=\frac{1}{3}\begin{pmatrix}4\\-7\end{pmatrix}$$

ここで，$|\vec{a}-x\vec{b}|=\frac{1}{3}\sqrt{4^2+(-7)^2}=\frac{\sqrt{65}}{3}$ であるから，

$\vec{a}-x\vec{b}$ と同じ向きの単位ベクトルは

$$\frac{3}{\sqrt{65}}(\vec{a}-x\vec{b})=\frac{3}{\sqrt{65}}\cdot\frac{1}{3}\begin{pmatrix}4\\-7\end{pmatrix}$$

$$=\left(\frac{\mathbf{4}}{\sqrt{\mathbf{65}}},\ -\frac{\mathbf{7}}{\sqrt{\mathbf{65}}}\right)$$ 答

別解

$\vec{a}\cdot\vec{a}=|\vec{a}|^2=10$，$\vec{b}\cdot\vec{b}=|\vec{b}|^2=5$

$\vec{a}\cdot\vec{b}=3\cdot1+1\cdot2=5$ より，

$$(\vec{a}-x\vec{b})\cdot(2\vec{a}+\vec{b})=2\cdot10+(1-2x)5-x\cdot5$$

$$=-15x+25$$

これが 0 であるから，

$$x=\frac{\mathbf{5}}{\mathbf{3}}$$ 答

Point

▶ 単位ベクトル

・単位ベクトルとは長さ **1** のベクトルのこと。

・$\vec{a}=(x,\ y)$ と同じ向きの単位ベクトルは，

$$\frac{1}{|\vec{a}|}\vec{a}=\frac{1}{\sqrt{x^2+y^2}}(x,\ y)$$

▶ **2** つのベクトルが垂直 → ベクトルの内積 $=0$

14-12 空間ベクトルのなす角

(1) 次の2つのベクトルが垂直となるように実数xの値を求めよ。

(i) $\vec{a}=(7,\ 2,\ -4)$, $\vec{b}=(2,\ -3,\ x)$

(ii) $\vec{a}=(2,\ -1,\ -5)$, $\vec{b}=(x-1,\ 2,\ x+1)$

(2) 次の2つのベクトルのなす角を求めよ。

(i) $\vec{a}=(1,\ 2,\ 3)$, $\vec{b}=(2,\ 5,\ -4)$

(ii) $\vec{a}=(-1,\ 0,\ 1)$, $\vec{b}=(2,\ 2,\ -1)$

解答目安時間 2分　難易度

解答

(1)(i) $\vec{a}\cdot\vec{b}=\begin{pmatrix}7\\2\\-4\end{pmatrix}\cdot\begin{pmatrix}2\\-3\\x\end{pmatrix}=7\cdot2+2\cdot(-3)-4\cdot x$

$=-4x+8$

$\vec{a}\perp\vec{b}$であるから,

$-4x+8=0$

よって, $x=\mathbf{2}$ 答

(ii) $\vec{a}\cdot\vec{b}=\begin{pmatrix}2\\-1\\-5\end{pmatrix}\cdot\begin{pmatrix}x-1\\2\\x+1\end{pmatrix}=2(x-1)-1\cdot2-5(x+1)$

$=-3x-9$

$\vec{a}\perp\vec{b}$であるから,

$-3x-9=0$

よって, $x=\mathbf{-3}$ 答

(2)(i) $\cos\theta=\dfrac{\vec{a}\cdot\vec{b}}{|\vec{a}||\vec{b}|}=\dfrac{(1,\ 2,\ 3)\cdot(2,\ 5,\ -4)}{|(1,\ 2,\ 3)||(2,\ 5,\ -4)|}$

$$=\frac{1\cdot2+2\cdot5+3\cdot(-4)}{\sqrt{1^2+2^2+3^2}\sqrt{2^2+5^2+(-4)^2}}$$

$$=\frac{0}{\sqrt{14}\sqrt{45}}=0$$

より，$\theta=\mathbf{90^\circ}$ 答

(ii) $\cos\theta=\dfrac{\vec{a}\cdot\vec{b}}{|\vec{a}||\vec{b}|}=\dfrac{(-1,\ 0,\ 1)\cdot(2,\ 2,\ -1)}{\sqrt{(-1)^2+0^2+1^2}\sqrt{2^2+2^2+(-1)^2}}$

$$=\frac{-1\cdot2+0\cdot2+1\cdot(-1)}{\sqrt{2}\sqrt{9}}=-\frac{3}{3\sqrt{2}}=-\frac{1}{\sqrt{2}}$$

より，$\theta=\mathbf{135^\circ}$ 答

Point

▶ $\vec{p}=(a,\ b,\ c)$，$\vec{q}=(d,\ e,\ f)$ のとき

$$\vec{p}\cdot\vec{q}=ad+be+cf$$

$$\vec{p}\cdot\vec{q}=|\vec{p}||\vec{q}|\cos\theta \iff \cos\theta=\frac{\vec{p}\cdot\vec{q}}{|\vec{p}||\vec{q}|}$$

これにより $\vec{p}$ と $\vec{q}$ のなす角を求めることができる。

あとがき

お疲れ様でした！

最後まで数学エクスプレスにご乗車いただきありがとうございました。

本書をやり終えたキミにはどんな景色が見えたでしょうか？　そして何が印象に残っていますか？

気付くこと，発見することは学習にはとても不可欠。

良いことも悪いことも，**見つけることが学習**でありその効果は絶大です。

得点力が付くと・・・

面白い ➡ やる気 ➡ 継続

のプラスの循環ができます。

逆に得点力が付かないと・・・

不安 ➡ 面倒 ➡ やらない

のマイナスの循環が起こります。
どちらがいいかは一目瞭然。

やれば必ずできるのが受験数学

わかったつもりにならないように，もう 1 度トライしてみましょう！
きっと新たな発見があるはずです。

受験数学インストラクター　湯浅弘一

プロフィール

湯浅　弘一

東京生まれの東京育ち。

高校時代に苦手だった数学が予備校の恩師の指導によって得意科目に変わり、東京理科大学理工学部数学科へ進学。

大学時代に塾の講師を始めたのが、教える仕事に就いたきっかけ。大学受験ラジオ講座、代ゼミサテライン講師を経て、現在は代々木ゼミナール講師、NHK（Eテレ）高校講座監修講師、湘南工科大特任教授、同附属高校教育顧問。テレビ、大学、大学受験予備校など、関東～福岡にて幅広い世代と地域で教鞭を執る。生徒の観察を最も得意とするやる気を起こす授業を展開。好きな言葉は「笑う門には福来る」。

改訂版
湯浅の数学エクスプレス Ⅰ･A･Ⅱ･B・C（ベクトル）

著　　者	湯　浅　弘　一
発 行 者	高　宮　英　郎
発 行 所	株式会社日本入試センター　代々木ライブラリー 〒151-0053 東京都渋谷区代々木1-29-1
D T P	アールジービー株式会社
印 刷 所	三松堂印刷株式会社　ⓟ1

●この書籍の編集内容および落丁・乱丁についてのお問い合わせは下記までお願いいたします
〒151-0053 東京都渋谷区代々木1-38-9
☎03-3370-7409（平日 9:00～17:00）
代々木ライブラリー営業部

ISBN 978-4-89346-867-2　　Printed in Japan